高等学校教材

热与流体课程实验

主　编　梁金广
副主编　丛　伟　原天龙　邵正日　唐　丹
参　编　王　义　李国威　曹　迪　梁凯洁
　　　　宋晓蓓　牛义红　汲崇明　商荣凯　吴　丹

机械工业出版社

本书介绍了测量的基本概念、常用的测量仪表，并从实验仪器设备简介、实验内容两方面分别介绍了比较典型的工程热力学实验、传热学实验、流体力学实验并配有思考题，书中还提供了部分实验的视频讲解，以指导读者深入地进行学习。

　　本书可作为高等学校能源动力类专业热与流体课程实验教材，也可作为工程热力学、传热学、流体力学、热工基础等课程的实验教材（指导书），还可作为相关领域科研人员的参考书。

图书在版编目（CIP）数据

热与流体课程实验/梁金广主编. —北京：机械工业出版社，2022.10
高等学校教材
ISBN 978-7-111-71488-0

Ⅰ.①热…　Ⅱ.①梁…　Ⅲ.①热工学-实验-高等学校-教材②流体力学-实验-高等学校-教材　Ⅳ.①TK122-33②O35-33

中国版本图书馆 CIP 数据核字（2022）第 156453 号

机械工业出版社（北京市百万庄大街 22 号　邮政编码 100037）
策划编辑：尹法欣　　　　　责任编辑：尹法欣
责任校对：潘　蕊　李　婷　封面设计：张　静
责任印制：郜　敏
中煤（北京）印务有限公司印刷
2023 年 1 月第 1 版第 1 次印刷
184mm×260mm · 11.75 印张 · 289 千字
标准书号：ISBN 978-7-111-71488-0
定价：38.00 元

电话服务　　　　　　　　　　网络服务
客服电话：010-88361066　　　机 工 官 网：www.cmpbook.com
　　　　　010-88379833　　　机 工 官 博：weibo.com/cmp1952
　　　　　010-68326294　　　金 书 网：www.golden-book.com
封底无防伪标均为盗版　　机工教育服务网：www.cmpedu.com

为了培养拔尖创新人才，许多高校高度重视实践课程的开设。热与流体课程实验是《普通高等学校本科专业类教学质量国家标准》中规定的能源动力类专业的核心课程之一，该实践课程与工程热力学、传热学、流体力学、热工基础等专业基础课程紧密相关。通过这门课的学习，不仅有利于强化学生对上述专业基础课程理论知识的理解与掌握，还能够提升学生的实践水平和创新能力，符合高校应用型人才的培养目标，为高校加强实践育人奠定基础。

本书是编者基于多年实践教学经验编写而成的，能够满足能源动力类专业以及机械类、建筑类、化学类等工科专业的教学需要。为了提高学生使用仪器、设备的动手能力，本书先着重介绍了测量的基本理论以及常用仪表的工作原理与组成等，然后从实验目的、实验原理、实验方法与步骤、实验报告等方面系统阐述了多个典型的工程热力学实验、传热学实验、流体力学实验。对于每个实验还设置了多个思考题，以加深学生对知识点的掌握，并扩展知识面。此外，为了强化学生的思想道德教育，增强民族自豪感，提升职业素养和专业认同感，本书增加了部分思政教学内容。

本书由营口理工学院梁金广教授担任主编，丛伟、原天龙、邵正日、唐丹担任副主编。梁金广负责全书统稿工作，唐丹负责第1章的编写；原天龙负责第2章、第4章的编写；丛伟负责第3章的编写；邵正日负责第5章的编写；王义负责收集、绘制部分图片、图表。参加本书编写、整理工作的还有李国威、曹迪、梁凯洁、宋晓蓓、牛义红、汲崇明、商荣凯、吴丹等。解佳祺、曹柏秀、亓浩、明勤翊等也参与了部分工作，在此一并表示感谢。本书的顺利完成，要感谢营口理工学院的领导和老师等给予的大力支持和帮助。

在本书编写过程中，还参考了一些同行专家编写的教材以及相关文献等，在此特向有关作者表示诚挚的谢意。

由于时间仓促，书中难免存在不妥之处，请读者原谅，并提出宝贵意见。

编 者

a—热扩散系数（率），m^2/s

c—比热容，$J/(kg \cdot ℃)$；声速，m/s

E—热电动势，mV

H—扬程，m

I—电流，A、mA

K—总传热系数，$W/(m^2 \cdot ℃)$

P—功率，kW

P_s—轴功率，kW

p—压强，Pa

Q—热量，kJ

q_m—质量流量，kg/h

q_V—体积流量，m^3/s

S—样本标准差

t—温度，$℃$

V—体积，m^3

$\bar{v}$—平均流速，m/s

v—比体积，m^3/kg

U—电压，V

u—瞬时流速，m/s

$\bar{x}$—算数平均值

γ—相对误差

δ—绝对误差

ε—黑度

ζ—局部阻力系数

η—效率

λ—热导率（导热系数），$W/(m \cdot K)$；沿程阻力系数

σ—标准误差；斯特藩-玻尔兹曼常量，$5.67 \times 10^{-8} W/(m^2 \cdot K^4)$

τ—时间，s

Φ—热流量，W

φ—相对湿度

目 录

第 **1** 章　测量的基本知识

1.1　测量的基本概念

1.1.1　测量的意义

测量是人类对自然界中客观事物取得数量观念的一种认识过程。在这一过程中，人们借助于专门工具，通过实验和对实验数据的分析计算，求得被测量的值，获得客观事物的定量概念，并强化对该事物内在规律的认识。因此可以说，测量就是为取得未知参数值而做的全部工作，包括测量的误差分析和数据处理等计算工作。

人类的知识许多是依靠测量得到的。在科学技术领域内，许多新的发现、发明往往是以测量技术的发展为基础的，测量技术的发展推动着科学技术的进步。在生产活动中，新的工艺、设备的产生，也依赖于测量技术发展水平的提高，而且，可靠的测量技术对于生产过程自动化、设备的安全以及经济运行都是不可缺少的先决条件。无论是在科学实验中还是在生产过程中，一旦离开了测量，必然会给工作带来巨大的盲目性。只有通过可靠的测量，然后正确地判断测量结果的意义，才有可能进一步解决自然科学和工程技术上提出的问题。

测量技术对自然科学、工程技术的重要作用越来越为人们所重视，它已逐步形成了一门完整的、独立的学科。这门学科主要研究的是测量原理、测量方法、测量工具和测量数据处理。根据被测对象的差异，测量技术可分为若干分支，如力学测量、电学测量、光学测量、热工测量等。测量技术的各个分支既有共同需要研究的问题，如测量系统分析、测量误差分析与数据处理理论；又有各自不同的特点，如各种不同物理参数的测量原理、测量方法与测量工具。

1.1.2　测量方法及分类

所谓测量，就是用实验的方法，把被测量与同性质的标准量进行比较，确定两者的比值，从而得到被测量的数值。欲使测量结果有意义，测量必须满足以下要求：

1）用来进行比较的标准量应该是国际上或国家所公认的，且性能稳定。

2）进行比较所用的方法和仪器必须经过验证。

根据上述测量的概念，被测量的值可表达为

$$X = aU \tag{1-1}$$

式中，X 是被测量；U 是标准量（即选用的测量单位）；a 是被测量与标准量的比值。

式（1-1）被称为测量的基本方程式。

1

测量方法就是实现被测量与标准量比较的方法。按测量结果产生的方式来分类，测量方法可分为直接测量法、间接测量法和组合测量法。

1. 直接测量法

使被测量直接与选用的标准量进行比较，或者用预先标定好的测量仪器进行测量，从而直接求得被测量数值的测量方法，称为直接测量法。用水银温度计或者数字显示温度计测量介质温度，用压力表测量压力或者压差，用数字万用表测量电流、电压和电阻等都属于直接测量法。

直接测量的方法有如下几种：

1）直读法：用度量标准直接比较或由仪表直接读出。

2）差值法：用仪表测出两个量之差即为所要求之量，如用压差计测压差等。

3）代替法：用已知量代替被测量，而两者对仪表的影响相同，则被测量等于已知量，如用光学高温计测温度。

4）零值法：被测量对仪表的影响被同类的已知量的影响所抵消，使总的效应为零，则被测量等于已知量，如用电位差计测量电势，此法准确度最高，但需要较长的时间和精密的仪表。

2. 间接测量法

通过直接测量与被测量有某种确定函数关系的其他各个变量，然后将所测得的数值代入函数关系进行计算，从而求得被测量数值的方法，称为间接测量法。如测量电路中一段输出功率的大小，往往分别测量电路中的电压和电流，再通过两者的乘积计算出功率的大小；又如，测量一段管路的阻力损失系数，首先要测量出管路的特征速度和阻力损失（压差），然后根据相关的公式计算阻力损失系数。例如，测量透平机械轴功率 P_s（kW）时，可借用关系式：

$$P_s = \frac{Mn}{9549} \tag{1-2}$$

式中，M 是转矩，单位为 N·m；n 是转速，单位为 r/min。

通过直接测量转矩 M 和转速 n，然后将测得的数值代入式（1-2），可以求得轴功率 P_s。

3. 组合测量法

测量中使各个未知量以不同的组合形式出现（或改变测量条件以获得这种不同组合），根据直接测量或间接测量所获得的数据，通过解联立方程组以求得未知量的数值，这类测量称为组合测量。例如，用铂电阻温度计测量介质温度时，其电阻值 R 与温度 t 的关系是

$$R = R_0(1 + at + bt^2) \tag{1-3}$$

式中，R_0 是 0℃时铂电阻的电阻值。

为了确定常系数 a、b，首先需要测得铂电阻在不同温度下的电阻值 R，然后再建立联立方程组求解，得到 a、b 的数值。

组合测量法在实验室和其他一些特殊场合的测量中使用较多。例如，建立测压管的方向

特性、总压特性和速度特性曲线的经验关系式等。

除按测量结果产生的方式分类外，还可以根据测量中的其他因素分类。

按不同的测量条件，可分为等精度测量与非等精度测量。在完全相同的条件下所进行的一系列重复测量称为等精度测量；反之，在多次测量中测量条件不尽相同的测量称为非等精度测量。

按被测量在测量过程中的状态，可分为静态测量与动态测量。在测量过程中，被测量不随时间而变化的，称为静态测量；若被测量随时间而具有明显的变化，则称为动态测量。实际上，绝对不随时间而变化的量是不存在的，通常把那些变化速度相对于测量速度十分缓慢的量的测量，按静态测量来处理。相对于静态测量，动态测量更为困难。这不仅在于参数本身的变化可能是很复杂的，而且测量系统的动态特性对测量的影响也是很复杂的，因而测量数据的处理有着与静态测量不同的原理与方法。

按照测量方法来区分，测量又可以分为接触式测量和非接触式测量两种。接触式测量是指一次仪表要与被测物体接触，如用皮托管测量管道中的速度，就必须将皮托管放置到管路中；非接触测量是指一次仪表可以远离被测物体，测量中不破坏它的固有状态，如用红外线热像仪测量物体的温度。

1.2　测量仪表的组成、分类和质量指标

1.2.1　仪表的组成及分类

仪表的种类繁多，其原理和结构各异，但就其基本功能来看，一般可以分为三个基本部分。

1. 感受件

感受件直接与被测对象相联系，感受被测量的变化，并将感受到的被测量的变化转换成相应的信号输出。例如热电偶，它把对象的被测温度转换成热电动势信号输出。

2. 显示件

仪表通过显示件向观察者反映被测量的变化。根据显示方式，显示件可分为模拟式显示、数字式显示和屏幕式显示三种。

3. 传送件

连接感受件与显示件的环节称为传送件。在测量中其作用是将感受件输出的信号根据显示件的要求（放大、转换等）传输给显示件。

根据仪表的不同功能，仪表的分类有多种形式：按热工过程的被测参数分类，有压力仪表、流量仪表、温度仪表、湿度仪表等；按仪表的显示功能分类，有指示仪表、记录仪、积算仪、调节仪表等；按仪表的准确度（精度）等级分类，有标准表、一级范型表、二级范型表、实验室用表、工程用表等。

1.2.2　仪表的质量指标

仪表的质量指标即仪表的固有品质，它主要包括评价仪表的计量性能、操作性能、可靠性和经济性等方面的指标。从使用的角度看，要了解仪表计量性能方面的指标，主要包括以下几个方面。

1. 准确度

仪表的准确度是指仪表指示值接近于被测量真实值的程度，它通常用误差的大小来表示。若仪表的指示值为 χ，被测参数的真实值为 μ，则

绝对误差

$$\delta = \chi - \mu \tag{1-4}$$

相对误差

$$\gamma = \frac{\chi - \mu}{|\mu|} \times 100\% = \frac{\delta}{|\mu|} \times 100\% \approx \frac{\delta}{|\chi|} \times 100\% \tag{1-5}$$

上述两种表示方法中，相对误差更能说明仪表指示值的准确程度。例如，在温度测量中得到两组测量结果（1650±5）℃、（100±5）℃，虽然它们的绝对误差均为±5℃，但相对误差却分别为±0.3%和±5%，说明后者的准确度比前者低得多。

但在实际中，仪表基本误差的大小一般用最大引用误差来表示，即在仪表量程范围内，各示值中最大绝对误差 δ_{max} 的绝对值与量程 A 之比（以百分数表示），即

最大引用误差

$$\gamma_{max} = \pm \frac{|\delta_{max}|}{A} \times 100\% \tag{1-6}$$

式中，A 是仪表量程（仪表测量上限与测量下限之差）。

仪表最大引用误差去掉百分号后余下的数字称为仪表的准确度等级。工业仪表准确度等级的国家标准系列有 0.1、0.2、0.5、1.0、1.5、2.5、4 七个等级。仪表刻度盘上应标明该仪表的准确度等级。关于仪表准确度等级的概念，在实际应用中应注意两点。

1）仪表绝对误差与被测参数的大小无关，仅取决于其准确度等级和量程大小。这说明，准确度等级相同的仪表，量程越大，其绝对误差也越大。所以，在选择仪表时，在满足被测量数值范围的条件下，应选用量程小的仪表，并使测量值在满刻度的 2/3 处。例如，有两个准确度等级为 1.0 级的温度表，一个量程为 0~50℃，另一个为 0~100℃，用这两个温度表进行测量时，如读数都是 40℃，则仪表的测量误差分别为

$$\Delta t_1 = \pm(50-0) \times 1\% = \pm 0.5℃ \tag{1-7}$$

$$\Delta t_2 = \pm(100-0) \times 1\% = \pm 1.0℃ \tag{1-8}$$

2）仪表的准确度等级仅指仪表本身的误差大小，而并非其测量精度。测量精度除了取决于仪表的准确度，还受到所使用的测量方法和测试条件偏离正常工作条件所造成的误差等的影响。

2. 灵敏度

灵敏度表征仪表对被测参数变化的敏感程度，其值等于在仪表达到稳态后，输出增量与

输入增量之比，即仪表"输入-输出"特性的斜率。若仪表具有线性特性，则量程各处的灵敏度为常数。

3. 分辨率

引起仪表示值可察觉的最小变动所需的输入信号的变化，称为仪表的分辨率，也称灵敏限或鉴别阈。输入信号变化不致引起示值可察觉的最小变动的有限区间与量程之比的百分数，称为仪表的不灵敏区或死区。

4. 重复性

在同一工作条件下，多次按同一方向输入信号做全量程变化时，对应于同一输入信号值，仪表输出值的一致程度称为重复性。重复性的好坏以重复性误差来表示，它是在全量程范围内对应于同一输入值时，输出的最大值和最小值之差与量程范围之比的百分数。重复性还可以用来表示仪表在相当长的一段时间内，维持其输出特性恒定不变的性能。因此，从这个意义上来讲，仪表的重复性和稳定性的意义是相同的。

5. 线性度

理论上具有线性"输入-输出"特性曲线的仪表由于各种原因，实际特性曲线往往偏离线性关系，它们之间最大偏差的绝对值与量程之比的百分数为线性度。

6. 动态特性

动态特性为仪表对随时间变化的被测量的响应特性。动态特性好的仪表，其输出量随时间变化的曲线与被测量随同一时间变化的曲线一致或比较接近。一般仪表的固有频率越高，时间常数越小，其动态特性越好。

1.3　测量的误差分析及实验数据处理

测量的目的是求出被测量的真实值 μ。然而，在测量中由于各种因素的影响，无论测量人员怎样小心，使用的测量仪表多么精确，测量方法多么完善，最后得到的测量结果总是与被测量的真实值 μ 不同。换言之，就是测量结果不可避免地存在误差，这个误差可用绝对误差 δ 或相对误差 γ 来表示。造成测量误差的主要原因概括起来有以下四个方面：

1. 测量装置误差

测量装置误差包括标准器、仪表、附件等在测量中造成的误差。误差大小取决于测量装置的制造工艺、结构完善程度、安装是否符合要求等因素。

2. 环境误差

环境误差是测量装置的实际工作条件偏离其规定的工作条件而产生的误差。如测试环境的温度、压力、湿度等与仪表规定的不一致而引起的附加误差。

3. 方法误差

方法误差是采用不完善的测量方法而造成的误差。如在测量中使用新的、不成熟的测量方法或采用近似的测量方程等引起的误差。

4. 人员误差

人员误差是由测量人员的主观因素所引起的误差。如测量人员操作不当、读数错误等引起的误差。

1.3.1 直接测量的误差分析与处理

从测量误差的来源可以看出，有些误差（如环境误差）在测量中是客观存在的，单次测量没有规律性，因而不能消除；而有些误差（如方法误差、仪表调节误差等）是固定不变或有规律的，可以消除。因此误差按其性质及特点，可以分为三类。

1. 随机误差（也称偶然误差）

在相同条件下（同一观测者、同一台测量器具、相同的环境条件等）对同一量的多次重复测量过程中，各测量数据的误差值或大或小，或正或负，其取值的大小没有确定的规律性，故以不可预知方式变化的一种误差称为随机误差。由于随机误差是测量过程中大量彼此独立的微小因素对测量影响的综合效果造成的，所以它在测量中是始终存在的，难以消除。对于单个测量值来说，误差的大小和正负都是不确定的，但对于一系列重复测量值来说，误差的分布服从统计规律。例如，在测量过程中测量仪的不稳定造成的误差，环境条件中温度的微小变动和地基震动等所造成的误差，均属于随机误差。

假设在一定的条件下，对某个恒定的被测量 μ 进行 n 次等精度的重复测量，在消除系统误差和粗大误差的影响之后，得到一系列测量值 x_1, x_2, x_3, $\cdots$, x_i, $\cdots$, x_n，可以证明，此时被测量真值的最佳估计值 $\hat{\mu}$ 就是各测量值的算术平均值 $\bar{x}$，即

$$\hat{\mu} = \bar{x} = \frac{1}{n}(x_1 + x_2 + \cdots + x_i + \cdots + x_n) = \frac{1}{n}\sum_{i=1}^{n} x_i \tag{1-9}$$

如果 $n \rightarrow \infty$，即测量值的随机误差服从正态分布，测量值的标准误差（标准差，也称标准偏差）σ 可由式（1-10）确定

$$\sigma = \sqrt{\frac{1}{n}\sum_{i=1}^{n}(x_i - \mu)^2} \quad (n \rightarrow \infty) \tag{1-10}$$

但是，在实际中测量次数 n 总是有限的，同时被测量的真实值 μ 不能确定，常用 $\bar{x}$ 来代替，故有限次测量时，采用测量值与算术平均值的偏差来估算标准差，此时一般称样本标准差 S，有

$$S = \sqrt{\frac{\sum_{i=1}^{n}(x_i - \bar{x})^2}{n-1}} = \sqrt{\frac{\sum_{i=1}^{n}v_i^2}{n-1}} \quad (n \text{ 足够大}) \tag{1-11}$$

式中，v_i 是测量值偏差，$v_i = x_i - \bar{x}$；$n-1$ 是自由度。

式（1-11）称为贝塞尔公式。

由于测量中最后的结果是以算术平均值 $\bar{x}$ 来表示的，可以得到算术平均值 $\bar{x}$ 的标准差为

$$S_{\bar{x}} = \frac{S}{\sqrt{n}} = \sqrt{\frac{1}{n(n-1)} \sum_{i=1}^{n} (x_i - \bar{x})^2} \tag{1-12}$$

最后的测量结果可以表示为

$$X = \bar{x} \pm 3S_{\bar{x}} = \bar{x} \pm 3\frac{S}{\sqrt{n}} \tag{1-13}$$

如果测量次数非常少（例如 $n < 10$），测量结果可由式（1-14）表示，有

$$X = \bar{x} \pm t(\alpha, v)S_{\bar{x}} = \bar{x} \pm t(\alpha, v)\frac{S}{\sqrt{n}} \tag{1-14}$$

式中，$t(\alpha, v)$ 是 t 分布的置信系数，可根据其显著性水平 α 和自由度 v 由表 1-1 确定。

表 1-1　分布的置信系数 $t(\alpha, v)$ 的数值

$v = n-1$	$\alpha = 1-p$		$v = n-1$	$\alpha = 1-p$	
	0.05	0.01		0.05	0.01
1	12.71	63.70	14	2.14	2.98
2	4.30	9.92	15	2.13	2.95
3	3.18	5.84	16	2.12	2.92
4	2.77	4.60	17	2.11	2.90
5	2.57	4.03	18	2.10	2.88
6	2.45	3.71	19	2.09	2.86
7	2.36	3.50	20	2.09	2.84
8	2.31	3.36	25	2.06	2.79
9	2.26	3.25	30	2.04	2.75
10	2.23	3.17	40	2.02	2.70
11	2.20	3.11	60	2.00	2.66
12	2.18	3.06	120	1.98	2.62
13	2.16	3.01	∞	1.96	2.58

2. 粗大误差（也称疏失误差）

在测量中，由于测量人员粗心大意、读数错误、记录或运算错误以及在测量中操作不当而使该次测量结果失效的误差称为粗大误差。或者说，明显歪曲测量结果的误差称为粗大误差。含有粗大误差的测定值称为坏值。当多次重复测量值中含有坏值时，舍弃坏值后的测量值才符合实际情况，但应注意不要轻易地舍弃被怀疑的实验数据，坏值的舍弃可简单地按下列准则决定。

（1）拉依达准则 对于大量的重复测量值，如果其中某一测量值偏差 $v_i = x_i - \bar{x}$ 的绝对值大于该测量列的标准误差 σ 的 3 倍，即

$$|v_i| = |x_i - \bar{x}| > 3\sigma \approx 3S \quad (n \to \infty) \tag{1-15}$$

那么可以认为该测量值存在粗大误差。

按上述准则剔除坏值后，应重新计算剔除坏值后测量列的偏差值和样本标准差 S，再行判断，直至余下的测量值中无坏值存在。

（2）格拉布斯准则 将重复测量值按大小顺序重新排列，$x_1 \leqslant x_2 \leqslant \cdots \leqslant x_n$，用式（1-16）计算首尾测量值的格拉布斯准则数 T_i，有

$$T_i = \frac{|v_i|}{S} = \frac{|x_i - \bar{x}|}{S} \quad (i \text{ 为 } 1 \text{ 或 } n, n \text{ 有限}) \tag{1-16}$$

然后根据子样容量 n 和所选取的显著性水平 α（一般可取 0.05 或 0.01），从表 1-2 中查得相应的格拉布斯准则临界值 $T(n, \alpha)$。若 $T_i \geqslant T(n, \alpha)$，则可认为 x_i 为坏值，应剔除，每次只能剔除一个测量值。若 T_1 和 T_n 都大于或等于 $T(n, \alpha)$，则应先剔除 T_i 大者，重新计算 $\bar{x}$ 和 S，这时子样容量只有 $(n-1)$，再进行判断，直至余下的测量值中再未发现坏值。

表 1-2 格拉布斯准则临界值 $T(n, \alpha)$

n	α		n	α	
	0.05	0.01		0.05	0.01
3	1.153	1.155	17	2.475	2.785
4	1.463	1.492	18	2.504	2.821
5	1.672	1.749	19	2.532	2.854
6	1.822	1.944	20	2.557	2.884
7	1.938	2.097	21	2.580	2.912
8	2.032	2.221	22	2.603	2.939
9	2.110	2.323	23	2.624	2.963
10	2.176	2.410	24	2.644	2.987
11	2.234	2.485	25	2.663	3.009
12	2.285	2.550	30	2.745	3.103
13	2.331	2.607	35	2.811	3.178
14	2.371	2.659	40	2.866	3.240
15	2.409	2.705	45	2.914	3.292
16	2.443	2.747	50	2.956	3.336

（3）肖维准则 假定对一物理量重复测量了 n 次，其中某一数据在这 n 次测量中出现的概率不到半次，即小于 $n/2$，则可以肯定这个数据的出现是不合理的，应当予以剔除。

根据肖维准则，采用随机误差的统计理论可以证明，在标准误差为 σ 的测量值中，若某一个测量值的标准偏差等于或大于误差的极限值 κ_σ，则此值应当剔除，不同测量次数的误差极限值 κ_σ，见表 1-3。

表 1-3　肖维系数表

n	κ_σ	n	κ_σ	n	κ_σ
4	1.53σ	10	1.96σ	16	2.16σ
5	1.65σ	11	2.00σ	17	2.18σ
6	1.73σ	12	2.04σ	18	2.20σ
7	1.79σ	13	2.07σ	19	2.22σ
8	1.86σ	14	2.10σ	20	2.24σ
9	1.92σ	15	2.13σ	21	2.39σ

3. 系统误差

系统误差是指在相同条件下，多次重复测量同一测量值时，误差的大小和符号保持不变（称为恒值系统误差）或按预定方式变化（称为变值系统误差）。例如，仪表机构设计原理上的缺点、仪表的不正确安装和调整、采用近似的测量方法、测量人员习惯上的读数偏高或偏低、测量条件偏离仪表规定工作条件等都会造成系统误差。

对于恒值系统误差，可通过校验仪表求得与该误差数值相等、符号相反的校正值，并将该值加到测量值上来消除误差。对于变值系统误差，可以通过实验方法找出产生误差的原因及变化规律，改善测量条件加以消除，也可通过理论计算或在仪表上附加补偿装置加以校正。对于一些尚未被充分认识的未定系统误差，只能估计它的误差范围和方向（正、负号），然后将测量结果与平均估计误差值（这个值在数值上等于误差范围上、下限的代数平均值）相加来对测量结果进行校正。

4. 测量结果的一般处理步骤

对于一列 n 次的等精度直接测量，其数据处理过程如下。

1）使用系统误差的处理方法，设法消除或减小系统误差对测量结果的影响。

2）在消除系统误差后，求 n 次测量的算术平均值

$$\bar{x} = \frac{1}{n}\sum_{i=1}^{n} x_i \tag{1-17}$$

3）求出对应的每一个测量值的测量值偏差 $v_i = x_i - \bar{x}$，并用式 $\sum_{i=1}^{n} v_i = 0$ 校核计算结果的正确性。

4）求测量值样本标准差 S。

5）用粗大误差判别准则判断测量列中的坏值并剔除。

6）重复过程 2）~ 5），直至测量列中没有坏值为止，然后算出和。

7）测量结果可表示为

$$X = \bar{x} \pm 3S_{\bar{x}} \quad (n \text{ 足够大}) \tag{1-18}$$

$$X = \bar{x} \pm t(\alpha,v)S_{\bar{x}} \quad (n \text{ 较小}) \tag{1-19}$$

5. 直接测量中误差的计算

在测量中，当只存在系统误差或只有随机误差时，可以使用上述方法对测量结果进行处理，判断出测量结果的可靠程度。但是，当测量中这两种误差同时存在（实际情况也往往如此）时，要想准确地合成它们是不容易的。一般可采用如下方法进行估计。

1）计算平均值。

2）计算测量样本标准差 S。

3）计算测量结果算术平均值标准差 $S_{\bar{x}}$ 和极限误差 $\lambda_{\lim}$。

$$\lambda_{\lim} = \pm 3 S_{\bar{x}} \tag{1-20}$$

4）计算测量结果算术平均值的相对极限误差 $\delta_{\lim}$。

$$\delta_{\lim} = \frac{\lambda_{\lim}}{\bar{x}} \times 100\% \tag{1-21}$$

5）得到测量结果 $\qquad \bar{x} \pm \lambda_{\lim}$ 或 $\bar{x} \pm \delta_{\lim}$ $\qquad$ (1-22)

1.3.2 间接测量的误差分析与处理

前面简要地介绍了直接测量的误差分析及处理方法。但是，在很多情况下，由于被测对象的特点，对被测量直接测量可能有困难或者根本不能进行，或者直接测量精度太低而满足不了工程要求，此时就必须采用间接测量法。用直接测量误差来计算间接测量误差的方法叫误差的传递。

1. 间接测量系统误差传递

设 y 为间接测得量，直接测得物理量为 x_1，x_2，$\cdots$，x_n，它们之间的函数关系为

$$y = f(x_1, x_2, \cdots, x_n) \tag{1-23}$$

设 x_1，x_2，$\cdots$，x_n 的系统误差分别为 Δx_1，Δx_2，$\cdots$，Δx_n，并令其为间接测得量 Δy 的系统误差，根据多元函数微分学，当这些误差值皆小，则函数系统误差可线性近似为

$$\Delta y = \frac{\partial f}{\partial x_1} \Delta x_1 + \frac{\partial f}{\partial x_2} \Delta x_2 + \cdots + \frac{\partial f}{\partial x_n} \Delta x_n \tag{1-24}$$

其中 $\dfrac{\partial f}{\partial x_i} (i=1, 2, \cdots, n)$ 为各个直接测得量在该测量点（x_1，x_2，$\cdots$，x_n）处的误差传递系数。通过式（1-24）可以利用直接测量的系统误差来计算间接测量的系统误差。

2. 间接测量的随机误差传递

随机误差常用表征其取值分散程度的标准偏差来评定，对于函数的随机误差，也可用函数的标准偏差来评定。因此，函数随机误差计算的一个基本问题就是研究函数的标准偏差与各测得量值 x_1，x_2，$\cdots$，x_n 的标准偏差之间的关系。

设函数的一般形式为

$$y = f(x_1, x_2, \cdots, x_n)$$

各个测得量值 x_1，x_2，$\cdots$，x_n 的随机误差分别为 δx_1，δx_2，$\cdots$，δx_n，则上式变成

$$y + \delta y = f(x_1 + \delta x_1, x_2 + \delta x_2, \cdots, x_n + \delta x_n) \tag{1-25}$$

假设 y 随 x_i （$i=1$，2，$\cdots$，n）连续变化，且各个误差 δx_i 都很小，因此可以将函数展开成泰勒级数，并取其一阶项作为近似值，可得

$$y+\delta y=f(x_1,x_2,\cdots,x_n)+\frac{\partial f}{\partial x_1}\delta x_1+\frac{\partial f}{\partial x_2}\delta x_2+\cdots+\frac{\partial f}{\partial x_n}\delta x_n \tag{1-26}$$

这样就可以得到

$$\delta y=\frac{\partial f}{\partial x_1}\delta x_1+\frac{\partial f}{\partial x_2}\delta x_2+\cdots+\frac{\partial f}{\partial x_n}\delta x_n \tag{1-27}$$

若已知 x_1，x_2，$\cdots$，x_n 的标准偏差分别为 σ_{x_1}，σ_{x_2}，$\cdots$，σ_{x_n}，它们之间的协方差为 $D_{ij}=\rho_{ij}\sigma_{x_i}\sigma_{x_j}$，（$i$，$j=1$，$2$，$\cdots$，$n$）。根据随机变量函数的方差计算公式，可得 y 的标准偏差为

$$\sigma_y^2=\left(\frac{\partial f}{\partial x_1}\right)^2\sigma_{x_1}^2+\left(\frac{\partial f}{\partial x_2}\right)^2\sigma_{x_2}^2+\cdots+\left(\frac{\partial f}{\partial x_n}\right)^2\sigma_{x_n}^2+2\sum_{1\leqslant i<j}^{n}\left(\frac{\partial f}{\partial x_i}\frac{\partial f}{\partial x_j}D_{ij}\right) \tag{1-28}$$

根据式（1-28）可由各个测得量的标准偏差计算出函数的标准偏差，故称该式为函数随机误差的传递公式。

若各测量值的随机误差是相互独立的，相关项 $D_{ij}=\rho_{ij}=0$，则式（1-28）可简化为

$$\sigma_y^2=\left(\frac{\partial f}{\partial x_1}\right)^2\sigma_{x_1}^2+\left(\frac{\partial f}{\partial x_2}\right)^2\sigma_{x_2}^2+\cdots+\left(\frac{\partial f}{\partial x_n}\right)^2\sigma_{x_n}^2 \tag{1-29}$$

 思 考 题

1. 什么是系统误差？什么是随机误差？

2. 举例说明如何消除或者减小仪器的系统误差？

3. 设对某线段等精度测量 6 次，其结果为 312.581m、312.564m、312.551m、312.532m、312.537m、312.499m。试求算术平均值、测量值的偏差及样本标准差。

第**2**章 常用测量仪表简介

2.1 温度的测量

温度是一个重要的热工参量，从微观上说它反映物体分子运动平均动能的大小，而宏观上则表示物体的冷热程度，在各种热工实验中几乎都离不开温度。

用来度量物体温度高低的标尺称为温标，如热力学温标、国际实用温标、摄氏温标、华氏温标等。各种测温方法大都是利用物体的某些物理和化学性质（如物体的膨胀率、电阻率、热电动势、辐射强度和颜色等）与温度具有一定关系的原理。当温度不同时，上述各参量、性质中的一个或几个随之发生变化，测出这些参量、性质的变化，就可间接地得出被测物体的温度。

常用温度计的分类和特点见表 2-1。

表 2-1 各种温度计的比较

形式	工作原理	种类	使用范围/℃	优点	缺点
接触式	热膨胀	玻璃温度计	$-80 \sim 500$	结构简单，使用方便，测量准确，价格低廉	测量上限和精度受玻璃质量限制，易碎，不能记录和远程传输数据
		双金属温度计	$-80 \sim 500$	结构简单，机械强度大，价格低廉	精度低，量程和使用范围易受限制
		压力式温度计	$-100 \sim 500$	结构简单，不怕振动，具有防爆性，价格低廉	精度低，测温距离较远时，仪表的滞后现象比较严重
	热电阻	铂、铜电阻温度计	$-200 \sim 600$	测温精度高，便于远距离、仪器测量和自动控制	不能测量高温，由于体积大，测量点温度较困难
		半导体温度计	$-50 \sim 300$		
	热电偶	铜-康铜温度计	$-100 \sim 300$	测量范围广，精度高，便于远距离、集中测量和自动控制	需要进行冷端补偿，在低温段测量时精度低
		铂-铂铑温度计	$200 \sim 1800$		
非接触式	辐射	辐射式高温计	$100 \sim 2000$	感温元件不破坏被测物体的温度场，测量范围广	只能测高温，低温段测量不准，环境条件会影响测量准确度

由表 2-1 可知，测温方法可分为接触式与非接触式两大类。用接触式方法测温时，感温元件需要与被测介质直接接触，液体膨胀式温度计、热电偶温度计、热电阻温度计等均属于此类。当用光学高温计、辐射高温计、红外探测器测温时，感温元件不必与被测介质相接触，故称为非接触式测温方法。接触式测温简单、可靠、测量精度高，但由于达到热平衡需要一定时间，因而会产生测温的滞后现象。此外，感温元件往往会破坏被测对象的温度场，并有可能受到被测介质的腐蚀。非接触式测温是通过热辐射来测量温度的，感温速度一般比较快，多用于测量高温，但由于受物体的发射率、热辐射传递空间的距离、烟尘和水蒸气的影响，故测量误差较大。

2.1.1　玻璃温度计

玻璃温度计测量范围一般为 -200~700℃，其具有结构简单、使用方便、价格便宜、结果精确等特点。但观察、监测不便，易损坏，一般均采用现场读数测量。

1. 工作原理

由于接触式温度计与被测物体达到热平衡需要一定的时间，因此存在滞后性，使输出数据产生负载误差；又因温度计与被测物体直接接触而易受介质腐蚀。玻璃温度计具有结构简单、测量直接、精度高等优点，故应用较广泛。目前最常用的有液体膨胀式温度计，它利用玻璃感温包内的测温物质受热后膨胀的原理，来进行温度测量。由于选择的工作液体的膨胀系数远大于玻璃的膨胀系数，当温度变化时，引起工作液体在玻璃管内体积的变化，于是在毛细管上液柱高度发生变化，利用此特点在玻璃管上（或其他标尺上）就可以刻出温度值。

玻璃外壳在 300℃ 以上时，机械强度下降，并会软化变形，因此，多采用特殊耐热玻璃（如硅硼玻璃）；在 500℃ 以上时，需用石英玻璃。精度一般可达 ±（0.5~1）℃，最小分度为 1/20℃ 与 1/10℃。

最常用工作液是汞与乙醇（需严格控制其纯度、密度）。常用的液体及适用范围见表 2-2。

表 2-2　玻璃温度计常用液体及其适用范围

液体名称	适用范围		说明
	下限/℃	上限/℃	
汞（水银）	-30	700	高温应用时应在空间充入 385℃、2.5MPa 氮气
甲苯	-90	100	有机液体对玻璃有黏附作用，膨胀系数也随温度变化，使刻度不均匀
乙醇	-100	75	
石油醚	-130	25	
戊烷	-200	20	

2. 分类

玻璃温度计，按其刻度标尺形式可分为棒式、内标式和外标式三种。

（1）棒式玻璃温度计　由厚壁毛细管制成。温度标尺直接刻在毛细管的外表面上，为满足不同的测温方法其外形有直形、直角形等，如图 2-1 所示。

（2）内标式玻璃温度计 由薄壁毛细管制成。温度标尺另外刻在乳白色玻璃板上，置于毛细管后，外用玻璃外壳罩封，此种结构标尺刻度读数清晰，如图 2-2 所示。

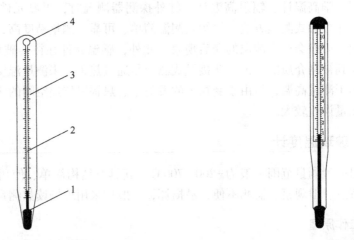

图 2-1 玻璃温度计   图 2-2 内标式玻璃温度计
1—温包 2—毛细管 3—刻度标尺 4—安全包

（3）外标式玻璃温度计 将玻璃毛细管直接固定在外标尺（铅、铜、木、塑料）板上，这种温度计多用来测量室温。玻璃温度计还可制成带金属保护管的形式，供在易碰撞的地方与不能裸露挂置的地方使用。工业现场也多利用膨胀液体导电性质制成与电子继电器等电子元件组成的温控电路，对温度进行测量、控制，如电接点玻璃温度计。

玻璃温度计按其用途可分为标准水银温度计、实验室用温度计、工业用温度计和特殊用途温度计四类。

（1）标准水银温度计 标准水银温度计有一等和二等两种。通常一等标准水银温度计用于检定和校验实验室用温度计，也可作实验室精密测量之用。这种温度计都是成套生产的，每套有若干支，每一支温度计的温度间隔都很小，并有零位标记。例如，一等标准水银温度计有 9 支一套（0~100℃，最小分度值为 0.05℃，其余范围为 0.1℃）和 13 支一套（最小分度值均为 0.05℃）两种。二等标准水银温度计为 7 支一套，最小分度值为 0.1℃，是工厂中常用的标准器具。

（2）实验室用温度计 实验室用温度计的最小分度值一般为 0.1℃，测温范围为 -30~300℃。与标准水银温度计相似，其也分为若干支，适合科研单位使用。

（3）工业用温度计 工业用玻璃温度计一般价格便宜，精度较低。测温时为了防止玻璃温度计被碰断可将其可靠地固定在测温设备上，在玻璃管外面通常罩有金属保护套管，在玻璃温包与金属套管之间填有良导热物质，以减小温度计测温的惰性。这种温度计的结构有直形、60°角形、135°角形三种，如图 2-3 所示。

（4）特殊用途温度计 常用的特殊用途温度计有电接点玻璃温度计。

如图 2-4 所示，其内部有两条金属丝，一条为铂丝，另一条为钨丝（带有螺旋状的铂丝引线）。用温度计顶端的磁钢旋动温度计内的螺旋杆，以调整电接点的整定值。当温度升高到整定值时，两金属丝借助水银柱的导电性形成闭合回路，并通过两引线使受控继电器等动作，从而达到自动控制的目的。热工实验中经常使用的恒温器就是用这种电接点温度计来控温的。

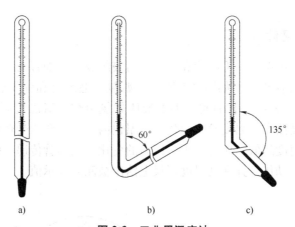

图 2-3　工业用温度计

a）直形　b）60°角形　c）135°角形

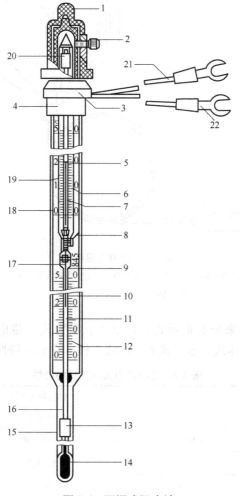

图 2-4　可调式温度计

1—调节磁钢　2—磁钢固定螺钉　3—盖　4—接线底座　5—指示螺母　6—设定标度
7—调节螺杆　8—接点引出线　9—钨丝　10—指示标度　11—测量毛细管　12—标度板
13—毛细管固定塞　14—感温泡　15—下体套管　16—毛细管　17—安全泡
18—上体套管　19—扁管　20—扁铁　21—信号线　22—接线端子

2.1.2　压力式温度计

压力式温度计一般由温包、毛细管和弹性压力表组成，毛细管的一端与温包相连，另一端与弹性压力表的弹簧管相接，如图 2-5 所示。温包、毛细管和弹簧管内均充满感温介质（氮气、水银、二甲苯、乙醇、甘油或低沸点液体如氯甲烷、氯乙烷等）。测量时，温包放置在被测介质中，当被测介质温度发生变化时，温包内的感温介质受热而压力发生变化，温度升高，压力增大；温度降低，压力减小。压力的变化经毛细管传递给弹簧管，使弹簧管变形，从而使弹性压力表动作，并在其温度标尺上给出被测温度示值。

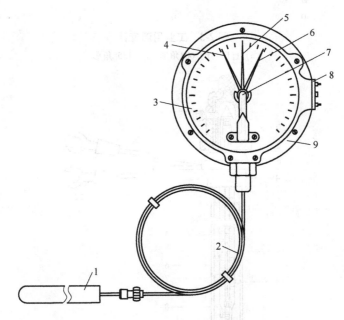

图 2-5　压力式温度计

1—温包　2—毛细管　3—标度盘　4—下限接点指示针　5—示值指示针　6—上限接点指示针

7—转轴　8—接线盒　9—外壳

压力式温度计按功能来分有指示式、记录式、报警式（带电接点）和调节式等类型；按感温介质不同可分为气体式、蒸气式和液体式三种，它们的特性如表 2-3 所示。

表 2-3　三种压力式温度计的特性

性能	测温物质		
	气体	饱和蒸气	液体
测量范围/℃	−100 ~ +600	−20 ~ +200	−40 ~ +200
精度等级	1.5、2.5	1.5、2.5	1.0、2.5
时间常数/s	80	30	40
感温介质	氮气、氢气、氦气	氯甲烷、氯乙烷、丙酮等	水银、二甲苯、乙醇、甘油
常用毛细管最大长度/m	60	60	20

2.1.3　热电偶温度计

热电偶温度计是根据热电效应制成的一种测温元件。它结构简单，坚固耐用，使用方便，精度高，测量范围宽，便于远距离、多点、集中测量和自动控制，是应用广泛的一种温度计。

1. 热电偶测温原理

如果取两根不同材料的金属导线 A 和 B，将其两端焊在一起，即组成了一个闭合回路。因为两种不同金属的自由电子密度不同，当两种金属接触时在两种金属的交界处，就会因电子密度不同而产生电子扩散，扩散结果在两金属接触面两侧形成静电场即接触电势差。这种接触电势差仅与两金属的材料和接触点的温度有关，温度越高，金属中自由电子就越活跃，致使接触处所产生的电场强度增加，接触面电动势也相应增高，由此可制成热电偶测温计。

热电偶热电效应原理如图 2-6 所示，热电偶产生的热电动势是由两种导体的接触电势 $E_{AB}(T, T_0)$ 和单一导体的温差电势 E_A 和 E_B 所形成。两种导体的接触电势和单一导体的温差电势如图 2-7 所示。

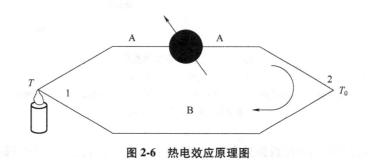

图 2-6　热电效应原理图

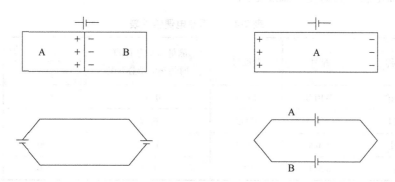

图 2-7　热电偶热电效应原理示意图

当热电偶的两个电极材料不同，且两个接点的温度不同时，会产生电动势，根据产生的热电动势进行温度测量。当热电偶冷端温度 T_0 不是 0℃ 时，热电动势与温度之间的关系如下：

$$E(T,0) = E(T,T_0) + E(T_0,0) \tag{2-1}$$

式中，$E(T, 0)$ 是冷端为0℃时的热电动势，单位为 mV；$E(T, T_0)$ 是冷端为 T_0 而热端为 T 时的热电动势，即实测值，单位为 mV；$E(T_0, 0)$ 是冷端为0℃而热端为 T_0 时的热电动势，单位为 mV。

上述热电动势可查热电偶的分度表，热电偶的分度表见附表1、附表2。

2. 热电偶温度计的结构与特性

常用热电偶外形与结构如图 2-8 所示。热电偶温度计由热电偶、导线、指示仪三部分组成。热电偶和补偿导线都是由两根不同化学成分的金属导体所组成，都有"+""–"极。连接导线是普通的塑料双股线。指示仪有毫伏计和电子电位差计两种，也有"+""–"极。热电偶、补偿导线与指示仪要相匹配、不能错乱，并有规定的测温范围。它们之间用连接导线直接相连，一般不用补偿导线。

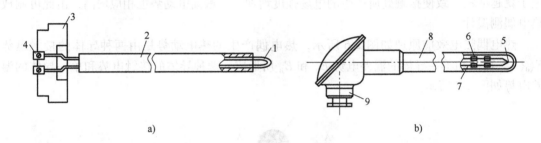

a)   b)

图 2-8　热电偶结构示意图

a）不带接线盒　b）带接线盒

1—接线柱　2—接线座　3—绝缘套管　4—热电偶丝　5—测量端　6—热电极

7—绝热套管　8—保护管　9—接线盒

几种常用的热电偶的特性数据见表 2-4。使用者可以根据表中列出的数据，选择合适的二次仪表，确定热电偶的使用温度范围。

表 2-4　常用热电偶特性表

热电偶名称	型号	分度号	测量温度为100℃时的热电动势/mV	最高使用温度/℃	
				长期	短期
铂铑*10-铂	WRLB	LB-3	0.643	1300	1600
镍铬-考铜	WREA	EA-2	6.96	600	800
镍铬-镍硅	WRN	EU-2	4.095	900	1200
铜-康铜	WRCK	CK	4.29	200	300

2.1.4　热电阻温度计

热电阻温度计是一种用途极广的测温仪器。它具有测量精度高、性能稳定、灵敏度高、信号可以远距离传送和记录等特点。热电阻温度计包括金属丝电阻温度计和半导体热敏电阻温度计两种。热电阻温度计的性质见表 2-5。

表 2-5　热电阻温度计的使用温度

种类	使用温度范围/℃	温度系数/℃$^{-1}$	种类	使用温度范围/℃	温度系数/℃$^{-1}$
铂电阻温度计	−260~630	+0.0039	铜电阻温度计	<150	+0.0043
镍电阻温度计	<150	+0.0026	半导体热敏电阻温度计	<350	−0.03~0.06

1. 金属丝电阻温度计

金属丝电阻温度计是利用金属导体的电阻值随温度变化而改变的特性来进行温度测量的。纯金属及多数合金的电阻率随温度升高而增加，即具有正的温度系数。在一定温度范围内，电阻-温度关系是线性的。温度的变化，可导致金属导体电阻的变化。这样，只要测出电阻值的变化，就可达到测量温度的目的。

图 2-9 所示为金属丝电阻温度计的结构，温度元件 1 由直径为 0.03~0.07mm 的铂丝和云母骨架、引出线等组成。铂丝 2 绕在有锯齿的云母骨架 3 上，再用两根直径约为 0.5~1.4mm 的银导线作为引用线 4 引出，与显示仪表 5 连接。当感温元件上铂丝的温度变化时，感温元件的电阻值随温度而变化，并呈一定的函数关系。将变化的电阻值作为信号输入具有平衡或不平衡电桥回路的显示仪表以及调节器和其他仪表等，可测量或调节被测量介质的温度。

由于感温元件占有一定的空间，所以不能像热电偶那样，用它来测量"点"的温度，当要求测量任何空间内或表面部分的平均温度时，热电阻用起来非常方便。热电阻

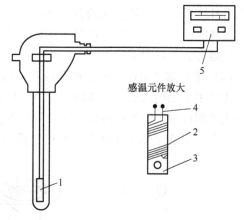

感温元件放大

图 2-9　热电阻温度计的结构示意图
1—温度元件　2—铂丝　3—骨架
4—引出线　5—显示仪表

温度计在有大电流流过其自身时，会发生自热现象，所以，热电阻温度计在测定高温时准确度不高。金属热电阻的基本参数见表 2-6。

表 2-6　金属热电阻的基本参数

名称	代号	分度号	R_0 及允许误差	测量范围/℃	R_{100}/R_0 及允许误差
铂热电阻	WZP	Pt10	10，A 级 ±0.006 10，B 级 ±0.012	−200~850	1.385，±0.0010
		Pt100	100，A 级 ±0.006 100，B 级 ±0.012		
铜热电阻	WZC	Cu50	50，±0.05	−50~150	1.428，±0.002
		Cu100	100，±0.01		

（续）

名称	代号	分度号	R_0 及允许误差	测量范围/℃	R_{100}/R_0 及允许误差
镍热电阻	WZN	Ni100	100, ±0.1	−60~180	1.617, ±0.003
		Ni300	300, ±0.3		
		Ni500	500, ±0.5		

2. 半导体热敏电阻温度计

半导体热敏电阻通常是用锰、镍、钴、铁、锌、钛、镁等两种或两种以上的金属氧化物原料制成。

（1）半导体热敏电阻温度计的工作原理　热敏电阻和金属导体的热电阻不同，它是由半导体材料制成。制造热敏电阻的材料不同，它的温度特性也不同。当采用 MnO_2、$Mn(NO_3)_4$、CuO、$Cu(NO_3)_4$ 等化合物制造半导体热敏电阻时，得到的是具有负电阻温度系数的特性，其电阻值随温度的升高而减小，随温度的降低而增大；当采用 NiO_2、ZrO_2 等化合物制造时，得到的是具有正温度系数的特性；另外还有些热敏电阻，当温度超过某一数值后，电阻会急剧增加或减少。

（2）半导体热敏电阻的结构及特点　热敏电阻的结构形式有珠形、圆片形和棒形三种，工业测量主要采用珠形。将珠形热敏电阻烧结在两根铂丝上，外面再涂敷玻璃层，并用杜美丝与铂丝相接引出，外面再用玻璃套管作为保护套管，如图 2-10 所示，保护套管外径在 3~5mm 之间。若把热敏电阻配上不平衡电桥和指示仪表，则成为半导体点温度计。

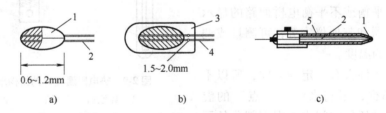

图 2-10　热敏电阻感温元件的结构

a）珠形热敏电阻　b）涂敷玻璃的热敏电阻　c）带玻璃保护套管的热敏电阻

1—金属氧化物烧结体　2—铂丝　3—玻璃　4—杜美丝　5—玻璃管

半导体热敏电阻常用来测量−100~300℃之间的温度，与金属热电阻比较，有如下特点：电阻温度系数大，灵敏度高；电阻率很大，因此可以做成体积很小而电阻很大的电阻体；结构简单，体积小，可以用来测量点的温度；热惯性很小，响应快；但同一型号的热敏电阻的电阻温度特性分散很大，互换性差；此外，电阻和温度的关系不稳定，随时间而变化。这些问题目前虽已有改善，但热敏电阻还是很少在过程检测仪表中使用。随着半导体技术的发展及制造工艺水平的提高，半导体热敏电阻有其广阔的发展前途。

2.1.5　辐射式温度计

辐射式温度计过去也称全辐射式温度计。它由辐射感温器、显示仪表及辅助装置构成，其工作原理如图 2-11 所示。被测物体的热辐射能量，经物镜聚集在热电堆（由一组微细的热电偶串联而成）上并转换成热电动势输出，其值与被测物体的表面温度成正比，用显示仪表进行指示记录。图中补偿光栏由双金属片控制，当环境温度变化时，光栏随之调节照射在热电堆上的热辐射能量，以补偿因温度变化影响热电动势数值而引起的误差。

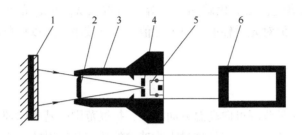

图 2-11　辐射式温度计工作原理图

1—被测物体　2—物镜　3—辐射感温器　4—补偿光栏
5—热电堆　6—显示仪表

2.1.6　单色辐射高温计

1. 光学高温计

光学高温计是发展最早、应用最广的非接触式温度计之一。它结构简单，使用方便，测温范围广（700~3200℃），一般可满足工业测温的准确度要求。目前广泛用于高温熔体、炉窑的温度测量，是冶金、陶瓷等工业部门十分重要的高温仪表。

光学高温计是利用受热物体的单色辐射强度随温度升高而增加的原理制成，由于采用单一波长进行亮度比较，也称单色辐射温度计。物体在高温下会发光，也就具有一定的亮度。物体的亮度 B_λ 与其辐射强度 E_λ 成正比，即 $B_\lambda = CE_\lambda$，式中 C 为比例系数。所以受热物体的亮度大小反映了物体的温度数值。通常先得到被测物体的亮度温度，然后转化为物体的真实温度。

光学高温计的缺点是以人眼观察，并需手动平衡，因此不能实现快速测量和自动记录，且测量结果带有主观性。最近，由于光电探测器、干涉滤光片及单色器的发展，光学高温计在工业测量中的地位逐渐下降，正在被较灵敏、准确的光电高温计所代替。

2. 光电高温计

在光学高温计基础上发展起来的光电高温计用光敏元件代替人眼，实现了光电自动测量。特点：灵敏度和准确度高；波长范围不受限制，可见光与红外范围均可，测温下限可向低温扩展；响应时间短；便于自动测量和控制，能自动记录和远距离传送。

3. 比色高温计

比色高温计的工作原理是当温度变化时，物体的最大辐射出射度向波长增加或减小的方向移动，使在波长 λ_1 和 λ_2 下的光谱辐射亮度比发生变化，测量光谱辐射亮度比的变化即可测出相应的温度。

比色高温计和单色辐射温度计、辐射温度计相比较，它的测量准确度高，因为实际物体的光谱发射率 $\varepsilon_{\lambda 1}$ 和发射率 ε 值变化比较大，而同一物体的 $\varepsilon_{\lambda 1}$ 和 $\varepsilon_{\lambda 2}$ 的比值变化较小，因此，比色温度与真实温度之差要比亮度温度、辐射温度与真实温度之差小得多。

中间介质（如水蒸气、二氧化碳和灰尘等）对波长 λ_1 和 λ_2 的单色辐射能都有吸收，尽管吸收程度不确定，但对光谱辐射出射度比值的影响较小。所以比色高温计可在周围气氛较恶劣的环境下测温。

4. 红外温度计

辐射式温度计的测量范围可向高温方面扩展，扩展范围的基本原理是用一吸收玻璃把被测物体射来的射线减弱部分，仅测量透过吸收玻璃的那部分辐射能。用这种方法可以把测温的上限扩展到 3000℃ 以上。辐射式温度计的测量范围也可向中温（100~700℃）、低温（<100℃）方面扩展。测量中、低温区人眼看不见的这种射线即红外线需要用红外温度计来检测。

2.2 压力的测量

压力是工质热力状态的主要参数之一，其定义是单位面积上受到垂直作用力的大小，单位为牛/米² （N/m²），称为"帕斯卡"（Pascal），简称"帕"（Pa），实际应用中也有用"巴"（bar）表示。工程上会采用的压力单位还有毫米汞柱（mmHg）、毫米水柱（mmH₂O）和工程大气压（at）等[○]。它们之间的换算关系为

$$1Pa = 10^{-5}bar = 7.501 \times 10^{-3}mmHg = 0.102mmH_2O = 1.02 \times 10^{-5}at = 1.02 \times 10^{-5}kgf/cm^2$$

在热工实验中，需要测量压力的场合很多，所使用的压力计的测量原理大都是将被测压力与当地大气压力进行比较，然后用弹性元件的弹力、液柱的重力等来平衡两者之差值，也就是通过弹性元件的位移或液柱的高度反映出被测压力的大小（表压力）。因此，若按测压工作原理分类，压力表可分为液柱式压力计、弹性式压力表、电气式压力表和活塞式压力表四大类。它们的主要技术性能列于表 2-7 中。

表 2-7 测压仪表的类型及主要技术性能

类型	测量范围/Pa	精度	优缺点	主要应用范围
液柱式压力计	$0 \sim 2.66 \times 10^5$（$0 \sim$ 2700mmH₂O）	0.5 1.0 1.5	结构简单，使用方便，但测量范围窄，只能测量低压或微压，易损坏	用来测量低压及真空度，或作压力标准计量仪表
弹性式压力表	$-10^5 \sim 10^9$（$-1 \sim$ 10000kgf/cm²） 注：1kgf=9.8N	精确：0.2、0.25、0.35、0.5；一般：1.0、1.5、2.5	测量范围宽，结构简单，使用方便，价格便宜，可制成电气远距离传输（远传）式，使用广泛	用来测量压力及真空度，可就地指示，也可集中控制，具有记录、发出信号报警、远距离传输性能

○ 我国法定压力（压强）计量单位为 Pa。

（续）

类型	测量范围/Pa	精度	优缺点	主要应用范围
电气式压力表	$7 \times 10^2 \sim 5 \times 10^8$（$7 \times 10^{-3} \sim 5 \times 10^3 \, \text{kgf/cm}^2$）	0.2～1.5	测量范围广，便于远距离传输和集中控制	用于压力需要远距离传输和集中控制的场合
活塞式压力表	$-10^5 \sim 2.5 \times 10^5$ 至 $5 \times 10^6 \sim 2.5 \times 10^8$（$-1 \sim 2.5$ 至 $50 \sim 2500 \text{kgf/cm}^2$）	一等：0.02 二等：0.05 三等：0.2	测量精度高，但结构复杂，价格较贵	用于检定精密压力表和普通压力表

2.2.1　液柱式压力计

液柱式压力计是利用液柱高度产生的压力和被测压力相平衡的原理制成的测压仪表，结构形式有 U 形管压力计、单管式压力计和斜管式微压计三种。

1. U 形管压力计

如图 2-12 所示，U 形管压力计是将根内径为 6～10mm 的管子（多数为玻璃管）弯成 U 形，或将两根平行的玻璃管用橡胶管、塑料管等连通起来，然后垂直固定在平板上，两管之间装有刻度标尺，刻度零点在标尺的中央。根据被测压力的大小，管子内充灌水、汞、四氯化碳等工质，并使液面与刻度零点相一致。

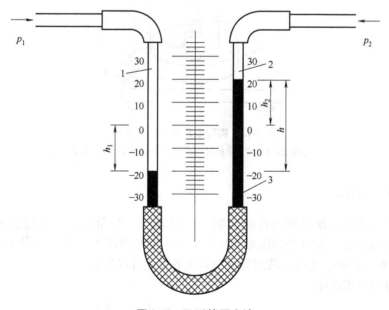

图 2-12　U 形管压力计

1、2—肘管　3—封液

测量压力时，U 形管一端接被测介质，一端通大气。根据流体静力学原理，通入 U 形管的差压或压力与液柱高度差 h 有如下关系：

$$\Delta p = p_1 - p_2 = h(\rho_1 - \rho_2)g = (h_1 + h_2)(\rho_1 - \rho_2)g \tag{2-2}$$

式中，ρ_1，ρ_2 是 U 形管中所充工质的密度及其上面介质的密度；h 是两肘管中封液的高度差，$h = h_1 + h_2$；g 是重力加速度。

2. 单管式压力计

U 形管压力计需要读两个液面高度，读数很不方便。通常把 U 形管的一边肘管换成大截面容器，成为单管式压力计，如图 2-13 所示。由于容器截面面积 A 比肘管截面面积 f 大 500 倍以上，在测量时，容器中的液面可以认为保持不变，因而只要一个读数，且读数的绝对误差只有 U 形管压力计的一半，误差不超过读数的 0.2%。被测差压 Δp 可表示为

$$\Delta p = p_1 - p_2 \approx h_2(\rho_1 - \rho_2)g \tag{2-3}$$

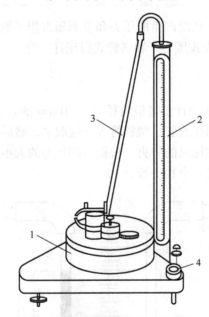

图 2-13　实验室用单管式压力计

1—大截面容器　2—带标尺的肘管　3—连通管　4—水准泡

3. 斜管式微压计

斜管式微压计是单管式压力计的改型，单管倾斜一个角度，使液柱高度被放大，如图 2-14 所示，常用来测量微小的压力和压差。在大多数情况下，斜管式微压计两边的面积比 $f/A = 1/1000 \sim 1/700$，所以大截面容器中液面的变化可以忽略。

其差压可用下式计算：

$$\Delta p = p_1 - p_2 = (h_1 + h_2)(\rho_1 - \rho_2)g = l\left(\sin\alpha + \frac{d^2}{D^2}\right)\rho_1 g = Kl \tag{2-4}$$

式中，d、D 分别是斜管内径和大截面容器内径，单位为 mm；l 是斜管上的读数，单位为 mm；α 是斜管的倾角，α 不得小于 5°；K 是系数，$K = \left(\sin\alpha + \dfrac{d^2}{D^2}\right)\rho_1 g$。

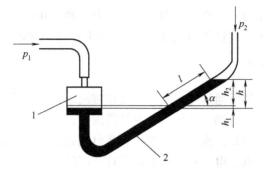

图 2-14　斜管式微压计原理

1—大截面容器　2—倾斜的肘管

2.2.2　弹性式压力表

弹性式压力表是根据弹性元件受压后产生的变形与压力大小有确定关系的原理制成的，测量压力范围广（$0 \sim 10^5 \mathrm{MPa}$），结构简单，故获得了广泛的应用。

目前常见的测压弹性元件有金属膜片式（包括膜盒式）、波纹管式和弹簧管式三类，常用铍青铜、磷青铜、不锈钢等材料制成。

在热工实验中，常用的弹性式压力表一般为弹簧管压力表，其结构如图 2-15 所示，主要由弹簧管、齿轮传动与放大机构、指针、刻度盘和外壳等几个部分组成。弯成圆弧形（约为 270°）的弹簧管 1 是测压元件，它的截面是扁圆形的。此管的 A 端固定在压力表基座上，B 端为封闭的自由端。当固定端通被测压力时，弹簧管因承受内压，截面由扁圆形向圆形过渡，刚度增大，使 B 端向外移动。然后，通过齿轮传动与放大机构（拉杆 2、扇形齿轮 3 和中心齿轮 4）带动指针 5 在刻度盘 6 上指示出被测压力的数值。

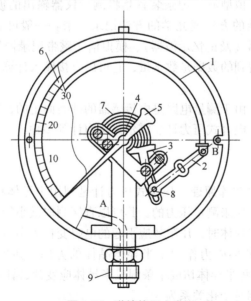

图 2-15　弹簧管压力表

1—弹簧管　2—拉杆　3—扇形齿轮　4—中心齿轮　5—指针

6—刻度盘　7—游丝　8—调整螺丝　9—接头

弹簧压力表可做成压力表、真空表和真空压力表三种。在选择压力表时必须注意测量的最高压力在正常情况下不应超过仪表刻度的 2/3，同时应注意选取合适的压力表精度等级。

2.2.3 电气式压力表

把压力转换成电量，然后通过测量电量来反映被测压力大小的压力计，统称为电气式压力表。这种压力测量仪表具有如下的优点：测量范围宽，准确度高，便于在自动控制中进行控制和报警，可以远距离测量，携带方便等。有些电气式压力表还适用于高频变化的动态压力的测量，正因为上述特点，电气式压力表应用日益广泛。

电气式压力表一般都是由压力传感器、测量电路和指示器（或记录仪、数据处理系统）三个部分组成。它们之间的相互关系可用图 2-16 所示框图表示。

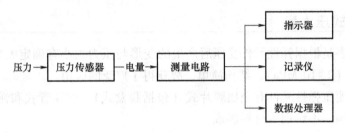

图 2-16 电气式压力表的组成框图

工程上，实际测量某系统的压力时，如果它的大小固定，不随时间而变化，这种压力称为静态压力；如果它的大小随时间而变，这种压力称为动态压力。在测量压力时，有时不仅要读出压力的瞬时值，而且还需要知道压力随时间变化的过程，以及压力与其他参数间的相互关系，因此还需要把测量电路的输出信号送到记录仪器中记录下来，波形记录装置分为模拟型和数字型两大类。模拟型波形记录装置是将测量仪器输出的模拟信号（通常是电压或相应的电流）用电磁变换的方法或光学的方法记录下来。一般可采用通用的记录仪器，如光线示波器、射线示波器（及记忆示波器）、模拟信号磁带记录器等。数字型测量系统具有很高的精度，而且因为得到的数据是数字量，它可以直接输入计算机进行运算和处理，因此有广泛的发展前景。

在电气式压力表中，由于测量电路是由传感器的种类而定的，因此仪器根据传感器的种类可分为压阻式压力计、电容式压力计、霍尔式压力计等多种。

1. 压阻式压力计

（1）压阻式压力计的工作原理 压阻式压力计是利用半导体材料的电阻率在外加应力作用下发生改变的压阻效应来测量压力的，其可以直接测取微小的应变。

当外部应力作用于半导体时，压阻效应引起的电阻变化大小不仅取决于半导体的类型和载流子浓度，还取决于外部应力作用于半导体晶体的方向。如果我们沿所需的晶轴方向（压阻效应最大的方向）将半导体切成小条制成半导体应变片，让其只沿纵向受力，则作用应力与半导体电阻率的相对变化关系为

$$\frac{\Delta\rho}{\rho}=\pi\sigma \tag{2-5}$$

式中，π 是半导体应变片的压阻系数，单位为 Pa^{-1}；σ 是纵向所受应力，单位为 Pa。

由胡克定律可知，材料受到的应力 σ 和应变 ε 之间的关系为

$$\sigma = E\varepsilon \tag{2-6}$$

将式（2-5）带入式（2-6）得

$$\frac{\Delta\rho}{\rho} = \pi E\varepsilon \tag{2-7}$$

式（2-7）说明，半导体应变片的电阻变化率 $\dfrac{\Delta\rho}{\rho}$ 正比于其纵向应变 ε。

因此应变片灵敏系数为

$$K = 1 + 2\mu + \pi E \tag{2-8}$$

式中，μ 是电阻丝材料的泊松比。

对于半导体应变片，压阻系数 π 很大，约为 $50\sim100$，故半导体应变片以压阻效应为主，其电阻的相对变化率等于电阻率的相对变化，即 $\dfrac{\Delta R}{R} = \dfrac{\Delta\rho}{\rho}$。

用于生产半导体应变片的材料有硅、锗、锑化铟、磷化镓、砷化镓等，硅和锗由于压阻效应大，故多作为压阻式压力计的半导体材料。半导体应变片按结构可分为体型应变片、扩散型应变片和薄膜型应变片。

图 2-17 所示为体型半导体应变片的结构图，它由硅条、内引线、基底、电极和外引线五部分组成。硅条是应变片的敏感部分；内引线是连接硅条和电极的引线，由金丝制成；基底起绝缘作用，材料是胶膜；电极是内引线和外引线的连接点，一般用康铜箔制成；外引线是应变片的引出导线，材料镀银或镀铜。

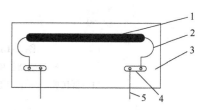

图 2-17　体型半导体应变片的结构
1—硅条　2—内引线　3—基底
4—电极　5—外引线

将 P 型杂质扩散到 N 型硅单晶基底上，形成一层极薄的 P 型导电层，再通过超声波和热压焊法接上引出线就形成了扩散型半导体应变片。

半导体应变片的电阻很大，可达 $5\sim50\mathrm{k}\Omega$。半导体应变片的灵敏度一般随杂质的增加而减小，温度系数也是如此。值得注意的是，即使是同一材料和几何尺寸的半导体应变片，其灵敏系数也不是一个常数，它会随应变片所承受的应力方向和大小不同而有所改变，所以材料灵敏度的非线性较大。此外，半导体应变片的温度稳定性较差，在使用时应采取温度补偿和非线性补偿措施。

（2）压阻式压力计的结构　将敏感元件和应变材料合二为一可制成扩散型压阻式传感器，它既有测量功能，又有弹性元件作用，形成了高自振频率的压力传感器。在半导体基片上还可以很方便地将一些温度补偿、信号处理和放大电路等集成制造在一起，构成集成传感器或变送器。

图 2-18a 是扩散硅压力传感器的结构示意图。其核心部件是一块圆形的单晶硅膜片，周边采用圆形硅杯固定，并将它封装在外壳内。在这块圆形的单晶硅膜片上，利用集成电路制作工艺制作了四个阻值完全相等的扩散电阻，两片位于受压应力区，另外两片位于受拉应力区，见图 2-18b。这四个电阻构成图 2-18c 所示的平衡电桥，相对的桥臂电阻对称布置，再

用压焊法与外引线相连。膜片用一个圆形硅杯固定，将两个气腔隔开。膜片的一侧是高压腔，与被测对象相连接；另一侧是低压腔，如果测量表压，低压腔和大气相连通；如果测压差，则与被测对象的低压端相连。当膜片两边存在压力差时，膜片发生变形，产生应力，从而使扩散电阻的阻值发生变化，电桥失去平衡，输出相应电压。如果忽略材料几何尺寸变化对阻值的影响，则该不平衡电压大小与膜片两边的压力差成正比。

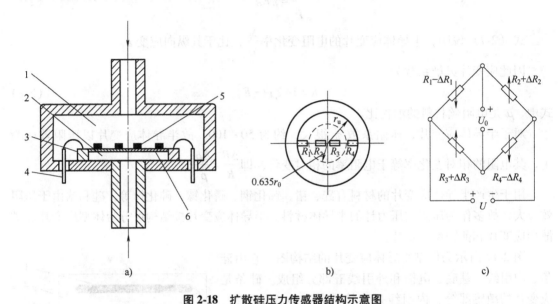

a)   b)   c)

图 2-18　扩散硅压力传感器结构示意图

a）传感器结构　b）半导体应变片布置图　c）测量电桥

1—低压腔　2—高压腔　3—硅杯　4—引线　5—扩散电阻　6—硅膜片

2. 电容式压力计

电容式压力传感器以各种结构的电容器作为传感元件，当被测压力变化时电容随之发生变化，这样就可以通过测量电容的变化值来达到测量压力的目的，这种压力传感器具有结构简单、灵敏度高、动态响应特性好、抗过载能力大等 系列优点。但是，它也有 些明显的缺点和问题，如输出特性的非线性、寄生电容和分布电容对灵敏度和测量精度影响较大，以及测量电路比较复杂等，因而限制了它的广泛应用。近年来，随着微型集成电路的出现，有效地抑制了分布电容的影响，因此，它的应用又有了进一步的发展。

（1）电容式压力计的工作原理　电容式压力传感器把被测压力转换成电容量的变化，实际上就是一个具有可变参数的电容器，在大多数情况下，它是由平行板组成的平板电容器，如图 2-19 所示，当不考虑边缘电场影响时，其电容量 C 为

$$C = \frac{\varepsilon S}{d} = \frac{\varepsilon_r \varepsilon_0 S}{d} \qquad (2\text{-}9)$$

式中，ε 是介质的介电常数；S 是极板的面积；d 是极

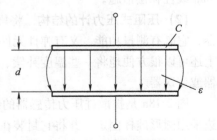

图 2-19　平板电容器

板间的距离；ε_r 是相对介电常数；ε_0 是真空介电常数，$8.85×10^{-12}F/m$。

由式（2-9）可见，平板电容 C 受 d、S 和 ε 三个参数的影响。如果保持其中的两个参数不变，而仅仅改变剩下的另一个参数，而且使该参数与被测压力之间存在某一函数关系，那么被测压力的变化就可以直接由电容器电容 C 的变化反映出来，电容量 C 的变化，在交流工作时，就改变了容抗 X_C，从而使输出电压、电流或频率得以改变。

（2）电容式压力计的结构　电容式压力传感器实质上是一种位移传感器，它先利用弹性元件（通常是膜片）感受压力的变化，弹性元件在被测压力作用下产生变形，引起传感器电容的变化，通过测量电容来达到测量压力的目的。

如图 2-20 所示，图中波纹膜片 3 作为传感器的动极片，而安装在支架 5 上的极片 6 为定极片，它们组成一个电容器，标准垫片 9 安置在动极片与定极片之间，用来保证两极板间的初始间隙，也由此决定电容传感器的初始电容 C_0，固定螺钉把支座 1、支架 4 和标准垫片 9 等连接起来。测量时，待测的介质从支座 1 的中间孔进入传感器内，加压力于膜片 3 上，使膜片产生与标准垫片 9 相应的位移，从而改变两极板间的电容量，这样就完成了压力-电容的转换过程。

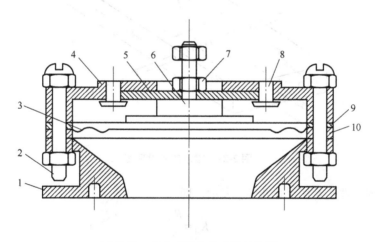

图 2-20　电容式压力传感器结构图

1—支座　2—固定螺钉　3—膜片　4—支架　5—定极片陶瓷支架　6—定极片
7—定极片固定螺母　8—陶瓷支架的固定螺钉　9—标准垫片　10—垫片

3. 霍尔式压力计

霍尔式压力计是基于"霍尔效应"制成的测量弹性元件变形的一种电气式压力表。它具有结构简单、体积小、重量轻、功耗低、灵敏度高、频率响应宽、动态范围（输出电动势的变化）大、可靠性高、易于微型化和集成电路化等优点。但信号转换效率低、对外部磁场敏感、耐振性差、温度影响大，使用时应注意进行温度补偿。

（1）霍尔式压力计的工作原理　如图 2-21 所示，当电流 I（y 轴方向）垂直于外磁场 B（z 轴方向）通过导体或半导体薄片时，导体中的载流子（电子）在磁场中受到洛伦兹力（其方向由左手定则判断）的作用，其运动轨迹有所偏离，如图中虚线所示。这样，薄片的左侧就因电子的累积而带负电荷，相对的右侧就带正电荷，于是在薄片的 x 轴方向的两侧表面之间就产生了电位差。这一物理现象称为霍尔效应，其形成的电动势称为霍尔电动势，能够产生霍尔效应的器件称为霍尔元件。当电子积累所形成的电场对载流子的作用力 F_L 与洛伦兹力 F_L 相等时，电子累积达到动态平衡，其霍尔电动势 V_H 为

$$V_H = \frac{R_H B I}{h} \tag{2-10}$$

式中，V_H 是霍尔电动势，单位为 mV；R_H 是霍尔常数；B 是垂直作用于霍尔元件的磁感应强度，单位为 T；I 是通过霍尔元件的电流，又称控制电流，单位为 mA；h 是霍尔元件的厚度，单位为 m。

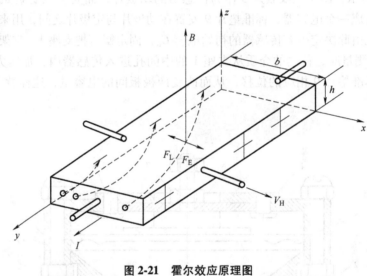

图 2-21　霍尔效应原理图

霍尔元件的特性经常用灵敏度 K_H 表示，即

$$K_H = \frac{R_H}{h} \tag{2-11}$$

则霍尔电动势为

$$V_H = K_H B I \tag{2-12}$$

式（2-12）表明，霍尔电动势的大小正比于控制电流 I 和磁感应强度 B 的乘积及灵敏度 K_H。灵敏度 K_H 表示霍尔元件在单位磁感应强度和单位控制电流下输出霍尔电动势的大小，一般要求它越大越好。灵敏度 K_H 大小与霍尔元件材料的物理性质和几何尺寸有关。由于半导体（尤其是 N 型半导体）的霍尔常数 R_H 要比金属的大得多，因此霍尔元件主要由硅（Si）、锗（Ge）、砷化铟（InAs）等半导体材料制成。此外，元件的厚度 h 对灵敏度的影响也很大，元件越薄，灵敏度就越高，所以霍尔元件一般都比较薄。

由式（2-12）还可看出，当控制电流的方向或磁场的方向改变时，输出电动势的方向也将改变。但当磁场与电流同时改变方向时，霍尔电动势并不改变原来的方向。

（2）霍尔式压力计的结构　图 2-22 所示为霍尔式压力计结构图。弹簧管一端固定在接头上，另一端即自由端上装有霍尔元件。在霍尔元件的上、下方垂直安放两对磁极，一对磁极所产生的磁场方向向上，另一对磁极所产生的磁场方向向下，这样使霍尔元件处于两对磁

极所形成的一个线性不均匀差动磁场中。为得到较好的线性分布，磁极端面做成特殊形状的磁靴。

在无压力引入情况下，霍尔元件处于上下两磁钢中心即差动磁场的平衡位置，霍尔元件两端通过的磁通方向相反、大小相等，所产生的霍尔电动势代数和为零。当被测压力引入弹簧管固定端后，与弹簧管自由端相连接的霍尔元件由于自由端的伸展而在非均匀磁场中运动，从而改变霍尔元件在非均匀磁场中的平衡位置，也就是改变了磁感应强度 B，根据霍尔效应，便产生了相应的霍尔电动势。由于沿霍尔元件偏移方向磁场强度的分布呈线性增长状态，元件的输出电动势与弹簧管的变形伸展也为线性关系，即与被测压力 p 呈线性关系。

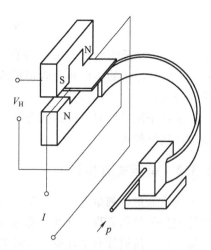

图 2-22　霍尔式压力计的结构图

2.3　流量的测量

单位时间内流过某一截面流体的量称为瞬时流量。在某一段时间间隔内流过某一截面流体的量称为流过的总量。显然，流过的总量可以用该段时间内的瞬时流量对时间积分得到，所以总量常称为积分流量或累计流量。总量除以总量的时间间隔就称为该段时间内的平均流量。

流体的流量可以用单位时间内流过的质量表示，称为质量流量；也可以用单位时间内流过的体积来表示，称为体积流量。

按流量计的作用原理分，目前常用的流量仪表有面积式、差压式、速度式、容积式、电磁式和超声波式六类，下面分别进行阐述。

2.3.1　面积式流量计

面积式流量计的基本原理是在测量时节流元件前后的差压保持恒定，节流处的流通截面随流量而发生变化，通过测量流通面积即可得出流量。因此，这类流量计也称为恒压降变截面流量计。在这类流量计中，使用最广泛的为转子流量计。

转子流量计由一段垂直安装并向上渐扩的圆锥形管和在圆锥形管内随被测介质流量大小而上下浮动的浮子组成，当被测介质流过浮子与管壁之间的环形流通面时，由于节流作用，在浮子上下产生差压，此差压作用在浮子上，浮子承受向上的力。当此力与被测介质对浮子的浮力之和等于浮子的重力时，浮子处于力平衡状态，浮子就稳定于圆锥形管的一定位置上。由于测量过程中浮子的重力和流体对浮子的浮力是不变的，故在稳定的情况下，浮子受到的差压始终是恒定的。当流量增大时，差压增大，浮子上升，浮子与管壁之间的环形流通面积增大，差压又减小，直至浮子上下的差压恢复到原来的数值，这时浮子平衡于原位置上面的一个新的位置上，因此可用浮子在圆锥形管中的位置来指示流量。

流体的体积流量 q_V 与浮子的高度 H 之间的关系式为

$$q_V \approx \alpha C H \sqrt{\frac{2gV_f}{A_f}} \sqrt{\frac{\rho_f - \rho}{\rho}} \qquad (2\text{-}13)$$

式中，α 是与浮子的形状、尺寸等有关的流量系数；C 是与圆锥形管的锥度有关的比例系数；V_f、A_f 是浮子的体积和有效横截面积；ρ_f、ρ 分别是浮子材料和流体的密度；g 是当地的重力加速度。

使用转子流量计时，如被测介质与流量计所标定的介质不同或更换了浮子材料，都必须对原刻度进行校正。

2.3.2 差压式流量计

差压式流量计测量方法是流量或流速测量方法中使用历史最久和应用最广泛的一种，其工作原理是伯努利方程，即通过测量流体流动过程中产生的差压来测量流速或流量。属于这种测量方法的流量计有毕托管、均速管、节流变压降流量计等。这些流量计的输出信号都是差压，因此显示仪表为差压计。

1. 毕托管

要了解毕托管的测速原理，首先应了解毕托管的构成。目前使用的毕托管是一根双层结构的弯成直角的金属小管，如图 2-23 所示。

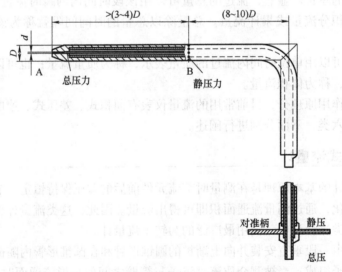

图 2-23 毕托管的结构

在毕托管的头部迎流方向开有一个小孔 A，称总压孔。在毕托管头部下游某处又开有若干小孔 B，称为静压孔。毕托管所测得的流速是毕托管头部顶端所对的那一点流速。当毕托管没有插入流场时，设某一点的流速为 u，静压为 p。为了测得该点流速，将毕托管顶端的小孔 A 对准此点，并使毕托管轴线与流向平行。这时，由于插入了毕托管，A 点的流速被滞止为零，压力由原来的静压 p 上升到滞止压力 p_0（或称总压 p_0）。p_0 不但包含了流体原来的静压 p，而且还包含了由流体动能转化为静压力的部分，也即 p_0 包含了流速的信息。只要从 p_0 中将原来的静压力减去，就可得到流速值。

为了从理论上建立总压和静压之差与流速的关系，先假设流体流动为理想的不可压缩流体的定常流动。根据理想的不可压缩流体的伯努利方程，对于小孔 A 及下游小孔 B 可列出如下关系式：

$$\frac{p_0}{\rho} = \frac{u^2}{2} + \frac{p}{\rho} \tag{2-14}$$

所以

$$u = \sqrt{\frac{2}{\rho}(p_0 - p)} \tag{2-15}$$

式中，ρ 是被测流体的密度；$p_0 - p$ 是总压和静压之差，可用压差计来测量。

式（2-15）是毕托管测量流速的理论公式。

值得注意的是，用毕托管测流速时，静压 p 并不是从被测小孔 A 测到的，而是从下游小孔 B 上测到的。所以，如何保证 B 处的压力就是不插入毕托管时被测点的压力 p，就成了设计毕托管的关键。

另外，不管对毕托管进行如何精心的设计，总压孔和静压孔位置的不一致、流体滞止过程中的能量损失等因素使得毕托管测到的流速 u 与差压（$p_0 - p$）的关系不能完全由式（2-15）确定，而应进行修正。修正后的流速公式为

$$u = a\sqrt{\frac{2}{\rho}(p_0 - p)} \tag{2-16}$$

式中，a 是毕托管系数，由实验标定。

如果被测介质为可压缩流体，则在流速较大时，应考虑压缩性影响的修正。

2. 节流变压降流量计

节流变压降流量计由节流元件和差压计组成。节流元件主要有孔板、喷嘴和文丘里管等，如图 2-24 所示。当流体流过节流元件时，流束发生收缩，速度增大，于是在节流元件前后产生差压 Δp，对于一定形状和尺寸的节流元件，一定的测压位置和前后直管段情况，一定参数的流体和其他条件，节流元件前后产生的差压 Δp 值随流量而变，两者之间有确定的关系，因此可通过测量差压得出流量。

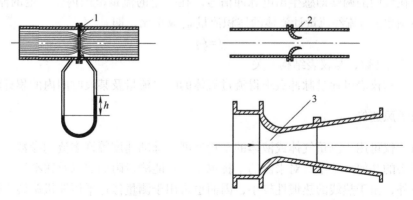

图 2-24　节流式流量计及节流元件
1—孔板　2—喷嘴　3—文丘里管

根据伯努利方程，并考虑有关的影响因素，可导出流量与差压 Δp 之间的关系式为

$$q_V = \alpha \varepsilon \frac{\pi}{4} d^2 \sqrt{\frac{2}{\rho_1} \Delta p} = \alpha \varepsilon \frac{\pi}{4} \beta^2 D^2 \sqrt{\frac{2}{\rho_1} \Delta p} \tag{2-17}$$

或

$$q_m = \alpha \varepsilon \frac{\pi}{4} \beta^2 D^2 \sqrt{2 \rho_1 \Delta p} \tag{2-18}$$

式中，d、D 分别是节流元件的开孔直径和管道内径；β 是直径比，$\beta = d/D$；ρ_1 是节流元件前的流体密度；q_V、q_m 分别是流体的体积流量和质量流量；α 是流量系数，与节流元件的形式、取压方式、β 值、雷诺数 Re 和管道粗糙度有关，一般由实验确定；ε 是考虑流体可压缩性的流束膨胀系数，对不可压缩流体，$\varepsilon = 1$。

对于标准节流装置（指节流元件的外形、尺寸已标准化，并规定了取压方式和前后直管段要求），α、ε 值可从有关书籍中查取；对于非标准节流元件，则需个别进行校验，绘制流量与差压关系曲线，供实验时直接查用。

2.3.3 速度式流量计

速度式流量计的基本原理是直接测量管道内流体流速 v 作为流量测量的依据。若测得的是管道截面上的平均流速 $\bar{v}$，则流体的体积流量 $q_V = \bar{v} A$，A 为管道截面积。若测得的是管道截面上某一点的流速 v，则 $q_V = k_v A$，k_v 为截面上的平均流速与被测点流速的比值，与管壁内的流速分布有关。

常用的速度式流量计有涡轮式、电磁式、超声波式、热式等，在热工实验中以涡轮式和热线风速仪（属热式）最常见。

1. 涡轮式流量计

涡轮式流量计的结构如图 2-25 所示，将涡轮 4 置于摩擦力很小的滚珠轴承中，由永久磁钢和感应线圈 5 组成的磁电装置装在流量计的壳体 2 上。当被测流体由导流器 1 进入涡轮式流量计时因导磁不锈钢制成的涡轮 4 上的叶片受流体的冲击作用而旋转，顺次接近处于管壁上的感应线圈 5，周期性地改变线圈磁电回路的磁阻值，使通过线圈的磁通量发生周期性变化，这样在线圈的两端即感生出电脉冲信号。在一定的流量范围内、一定的流体黏度下，该电脉冲的频率 f 与流经流量计流体的体积流量 q_V 成正比，即

$$f = \xi q_V \tag{2-19}$$

式中，ξ 是仪表常数，与仪表结构有关。

因此，显示仪表可通过脉冲数求得流过流体的瞬时流量及某段时间内的累计流量。

2. 热线风速仪

热线风速仪可用于测量气体或液体的平均速度、脉动速度等许多流动参数。

由于探头的几何尺寸小，对来流的干扰也小，它能测量附面层以及狭窄流道内流体的流动参数。另外，由于热线的热惯性较小，因而也常用于测量像透平压缩机旋转失速、燃烧室内湍流强度等类型的脉动气流参数。

（1）热线风速仪的工作原理 热线风速仪是利用被电流加热的热线（热膜）的热量损

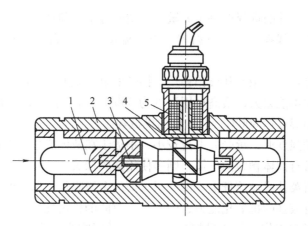

图 2-25　涡轮式流量计的结构

1—导流器　2—壳体　3—支撑　4—涡轮　5—感应线圈

失进行流速测量的。风速仪的热线探头是惠斯通电桥的一臂，由仪器的电源给热线供电。把热线加热到一定的温度，测量时把探头置于待测流场中，并被流动的介质所冷却，因而改变了热线的电阻值，也就改变了通过热线的电压降。热线向周围介质的瞬时散热一方面取决于被测介质的物性和流体的参数（速度、温度、压力等），另一方面取决于热线材料的物性、几何尺寸和热线相对流体流动的方向。当仅仅有介质流速唯一的因素时，即可以利用热线的瞬时散热来度量流场测点处的瞬时速度。

（2）热线风速仪的结构　热线风速仪探头分热线探头和热膜探头两种。

热线探头的热敏感元件是直径为 $0.5 \sim 10 \mu m$，长度为 $1 \sim 2mm$ 的金属丝。将金属丝焊在两根金属支杆（或称叉杆）上，通过绝缘座引出接线而构成热线探头。图 2-26 所示为几种典型的热线风速仪探头结构。

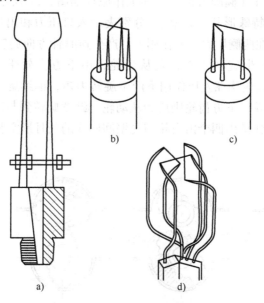

图 2-26　常用热线风速仪探头

a）单丝形　b）X 形　c）V 形　d）三丝形

金属丝的材料和尺寸的选择取决于灵敏度、空间分辨率和强度等方面的综合要求。从测量的角度考虑，希望热线探头金属丝材料的电阻温度系数要高，电阻率要大，热传导率要小，可用温度要高。

常用的金属丝有钨丝、铂丝和镀铂钨丝。钨丝的电阻温度系数高，机械强度好，但钨丝容易被氧化，过热比不能太大，最高可用温度为300℃。铂丝的电阻温度系数也很高，抗氧化能力强，最高可用温度达800℃，但铂丝的机械强度差。

由于热线的机械强度低，承受的电流较小，不适于在液体或带有颗粒的气流中工作。如果要测量液体或者带有固体颗粒的气体，则多使用热膜探头。

热膜探头是在石英体或玻璃杆上喷镀一层很薄的金属膜作为探头的感受元件。大多数金属膜是铂，由于它有较强的抗氧化能力，因而有长时间的稳定性。热膜探头的优点是机械强度高，可在恶劣流场中工作，热传导损失小；受振动影响小，不存在内应力问题，信噪比高。但是它的频率响应范围比热线探头窄，工作温度较低，特别是用于液体中测量的热膜，通常只比环境温度高20℃左右。

2.3.4 容积式流量计

容积式流量计又称定排量流量计，简称PD流量计或PDF，它在流量仪表中是精度最高的一类。它利用机械测量元件把流体连续不断地分割成单个已知的体积部分，根据计量室逐次、重复地充满和排放该体积部分流体的次数来测量流体体积总量。

1. 容积式流量计的工作原理

容积式流量计从原理上讲是一台从流体中吸收少量能量的水力发动机，这个能量用来克服流量检测元件和附件转动的摩擦力，同时在仪表流入与流出两端形成压力降。

典型的容积式流量计（椭圆齿轮式）的工作原理如图2-27所示。两个椭圆齿轮具有相互滚动进行接触旋转的特殊形状。p_1和p_2分别表示入口压力和出口压力，显然$p_1 > p_2$，如图2-27a所示下方齿轮在两侧压力差的作用下，产生逆时针方向旋转，为主动轮，上方齿轮因两侧压力相等，不产生旋转力矩，是从动轮，由下方齿轮带动顺时针方向旋转。在图2-27b位置时，两个齿轮均在差压作用下产生旋转力矩，继续旋转。旋转到图2-27c位置时，上方齿轮变为主动轮，下方齿轮则成为从动轮，继续旋转到与图2-27a相同位置，完成一个循环。一次循环动作排出四个由齿轮与壳壁间围成的新月形空腔的流体体积，该体积称为流量计的"循环体积"。

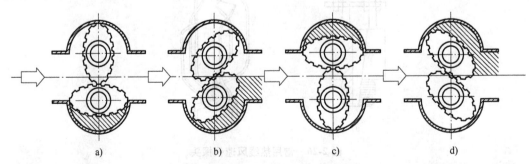

图2-27 椭圆齿轮流量计工作原理

设流量计"循环体积"为 v，一定时间内齿轮转动次数为 N，在该时间内流过流量计的流体体积为 V，则

$$V = Nv \qquad\qquad (2\text{-}20)$$

椭圆齿轮的转动通过磁性密封联轴器及传动减速机构传递给计数器直接指示出流经流量计的流体总量。若附加信号发生装置后，再配以电显示仪表可实现远程指示瞬时流量或累积总量。

2. 容积式流量计的结构

容积式流量计品种繁多，结构形式亦多种多样，但其主要部件组成大同小异，现以腰轮流量计作为范例说明。

腰轮流量计的结构图与构造框图如图 2-28 所示。流量计由测量部和积算部两大部分组成，必要时可附加自动温度补偿器、自动压力补偿器、发信器和高温延伸（散热）件等。

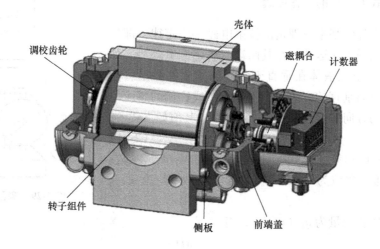

a)

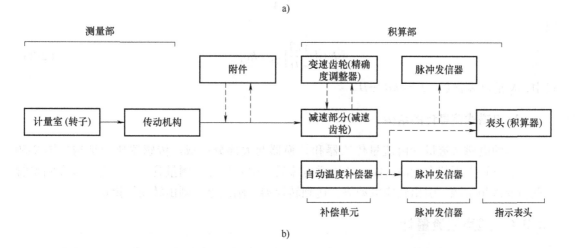

b)

图 2-28 腰轮流量计结构图

a）结构图　b）构造框图

计量室由一对腰轮和壳体构成，两腰轮是互为共轭曲线的转子，即罗茨（Roots）轮，与腰轮同轴装有驱动齿轮，被测流体推动转子旋转，转子间由驱动齿轮相互驱动。传动机构包括磁性联轴器（或机械密封装置）和减速变速机构，变速调整机构由"齿轮对"组合而成。计算器和指示表头类型较多，有指针式指示和数字式指示；有不带复位计数器和带复位计数器；也有的带瞬时流量指示、打印机、设定部等。自动温度补偿器：对被测介质温度变化影响进行连续自动补偿，有机械式也有电气电子式。自动压力补偿器对被测介质静压变化影响进行自动修正。发信器有多种形式，有接触式和非接触式。

2.3.5 电磁式流量计

电磁式流量计（简称 EMF）是利用法拉第电磁感应定律制成的一种测量导电液体体积流量的仪表。

1. 电磁式流量计的工作原理

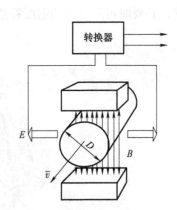

图 2-29 测量原理图

电磁式流量计的基本原理是法拉第电磁感应定律，即导体在磁场中切割磁力线运动时在其两端产生感应电动势。如图 2-29 所示，导电性液体在垂直于磁场的非磁性测量管内流动，与流动方向垂直的方向上产生与流量成比例的感应电动势，电动势的方向按"弗莱明右手定则"，其值如下式

$$E = kBD\bar{v} \tag{2-21}$$

式中，E 是感应电动势，即信号流量，单位为 V；k 是系数；B 是磁感应强度，单位为 T；D 是测量管内径，单位为 m；$\bar{v}$ 是平均流速。

设流体的体积流量为 q_V（m^3/s），有

$$q_V = \frac{\pi D^2 \bar{v}}{4} \tag{2-22}$$

则

$$E = \left(\frac{4kB}{\pi D}\right) q_V = K q_V \tag{2-23}$$

式中，K 是仪表常数，$K = 4kB/\pi D$。

2. 电磁式流量计的结构

实际的电磁式流量计由流量传感器和转换器两大部分组成。传感器典型结构如图 2-30 所示，测量管上下装有励磁线圈，通励磁电流后产生磁场穿过测量管，一对电极装在测量管内壁与液体相接触。引出感应电动势，送到转换器。励磁电流则由转换器提供。

2.3.6 超声波流量计

利用超声波测量液体的流速很早就有人研究，但由于技术水平所限，一直没有很大进展。随着技术的进步，不仅使得超声波流量计获得了实际应用，而且发展很快。超声波流量计的测量原理，就是通过发射换能器产生超声波，以一定的方式穿过流动的流体，通过接收

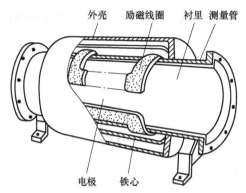

外壳　励磁线圈　衬里　测量管

电极　铁心

图 2-30　电磁式流量计传感器结构

换能器转换成电信号，并经信号处理反映出流体的流速。

超声波流量计对信号的发生、传播及检测有各种不同的方法，制成了各种不同原理的超声波流量计，其中典型的有速度差法超声波流量计、多普勒超声波流量计、声速偏移法超声波流量计、噪声法超声波流量计。

上述各种超声波流量计均有实际应用，但用得较多的还是速度差法超声波流量计和多普勒超声波流量计，以下介绍这两种流量计的原理。

1. 速度差法超声波流量计

速度差法超声波流量计是根据超声波在流动的流体中，顺流传播的时间与逆流传播的时间之差与被测流体的流速有关这一特性制成的。根据所测物理量的不同，速度差法超声波流量计可分为时差法超声波流量计、相位差法超声波流量计和频差法超声波流量计三种。

时差法超声波流量计测量原理如图 2-31 所示，在管道上、下游相距 L 处分别安装两对超声波换能器 T_1、R_1 和 T_2、R_2。设超声波在静止流体中的传播速度为 c，流体流动的速度为 v。当超声波传播方向与流体流动方向一致，即顺流传播时，超声波的传播速度为 $c+v$，而当超声波传播方向与流体流动方向相反，即逆流传播时，超声波的传播速度为 $c-v$。顺流方向传播的超声波从 T_1 到 R_1，所需时间为

$$t_1 = \frac{L}{c+v} \qquad (2\text{-}24)$$

逆流方向传播的超声波是从 T_2 到 R_2，则所需时间为

$$t_2 = \frac{L}{c-v} \qquad (2\text{-}25)$$

用式（2-25）减去式（2-24），得逆、顺流传播超声波的时间差 Δt 为

$$\Delta t = t_2 - t_1 = \frac{2vL}{c^2 - v^2} \qquad (2\text{-}26)$$

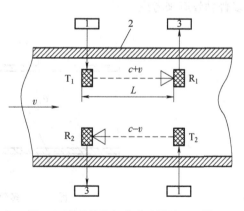

图 2-31　时差法超声波流量计原理图

1—发射电路　2—管道　3—接收电路
T_1、T_2—超声波发射器　R_1、R_2—超声波接收器

一般情况下，被测液体的流速为每秒数米以下，而液体中的声速每秒约 1500m，即满足 $c^2 \gg v^2$，所以可认为有

$$\Delta t = \frac{2vL}{c^2} \qquad (2\text{-}27)$$

此时，流体的流速为

$$v = \frac{c^2}{2L}\Delta t \qquad (2\text{-}28)$$

2. 多普勒超声波流量计

多普勒超声波流量计是基于多普勒效应测量流量的，即当声源和观察者之间有相对运动时，观察者所接收到的超声波频率将不同于声源所发出的超声波频率。两者之间的频率差称为多普勒频移，它与声源和观察者之间的相对速度成正比，故测量频差就可以求得被测流体的流速，进而得到流体流量。利用多普勒效应测流量的必要条件：被测流体中存在一定数量的具有反射声波能力的悬浮颗粒或气泡。因此，多普勒超声波流量计能用于两相流的测量，这是其他流量计难解决的问题。

多普勒超声波流量计具有分辨率高、对流速变化响应快和对电导率等因素不敏感、没有零点漂移、重复性好、价格便宜等优点。因为多普勒超声波流量计是利用频率来测量流速的，故不易受信号接收波振幅变化的影响。与超声波时间差法相比，其最大的特点是相对于流速变化的灵敏度非常大。多普勒超声波流量计的原理如图 2-32 所示。在多普勒超声波流量测量方法中，超声波发射器和接收器的位置是固定不变的，而散射粒子是随被测流体一起运动的，它的作用是把入射到其上的超声波反射回接收器。因此可以把上述过程看作是两次多普勒效应来考虑。

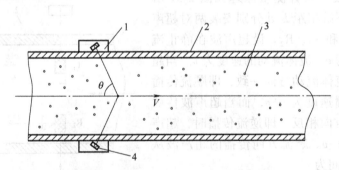

图 2-32 多普勒超声波流量计原理图
1—发射换能器 2—管道 3—散射粒子 4—接收换能器

2.4 湿度的测量

在工农业生产、气象、环保、国防、科研、航天等部门，经常需要对环境湿度进行测量及控制。对环境温、湿度的控制以及对工业材料水分值的监测与分析都已成为比较普遍的技术条件之一，但在常规的环境参数中，湿度是最难准确测量的一个参数。这是因为测量湿度

要比测量温度复杂得多，温度是个独立的被测量，而湿度却受其他因素（大气压强、温度）的影响。此外，湿度的校准也是一个难题。国外生产的湿度标定设备价格十分昂贵。

湿度表示空气中水蒸气含量的大小。表示空气湿度的方法有：含湿量、绝对湿度和相对湿度等。其中相对湿度是指湿空气中水蒸气分压力与同温度下饱和水蒸气压力之比的百分数，以符号 φ 表示。湿度的测量方法有干湿球法、电阻法、露点法等。

2.4.1 干湿球湿度计

在普通物理学实验中已得知，当大气压力 p 和风速 v 不变时，可利用干湿球温度表上的指示温度差来确定空气湿度。

干湿球湿度计是由两支相同温度计组成，如图 2-33 所示，其中一支温度计球部（温包）包有湿纱布，纱布下端浸入盛水的小杯中。当空气相对湿度 φ<100% 时，湿球头部的湿纱布表面上水分蒸发，带走一部分热量，使之显示的温度读数低于干球温度计的读数。

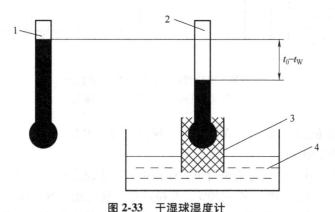

图 2-33 干湿球湿度计

1—干球温度计 2—湿球温度计 3—纱布 4—水杯

空气中相对湿度较小，湿球表面蒸发快，带走的热量多，干湿球温差则大；反之，相对湿度大，干湿球温差小。当空气中的相对湿度 φ=100% 时，水分不再蒸发，干、湿球的温差为零，据此可得出被测环境中的相对湿度 φ。

吸湿法是利用某些有机或无机材料或半导体陶瓷的含湿量、潮解或表面吸附湿度随空气含湿量变化后，某种物理性能（如电阻值、介电常数或几何形状及尺寸）将随之发生变化。根据这些物理或几何参数的变化，可确定空气的湿度。这类测湿仪器结构简单，操作方便，是目前较常采用的湿度测量方法。最常见的有氯化锂、磺酸锂湿度敏感元件，毛发或特殊尼龙丝（薄膜）做的湿度计。

2.4.2 电阻法湿度测量（氯化锂电阻湿度计）

电阻法湿度测量是吸湿法的一种。氯化锂在大气中不分解、不挥发，也不变质，是一种具有稳定离子型结构的无机盐，在空气相对湿度低于 12% 时，氯化锂呈固相，电阻率很高，相当于绝缘体。空气的相对湿度高于 12% 时，放置在空气中的固相氯化锂就吸收空气中的水分而潮解，随着空气相对湿度的增加氯化锂吸湿量也增加，从而使氯化锂中导电的离子数也随之增加，电阻减小。当空气中相对湿度减小时，氯化锂就放出水分，电阻又增加。因此，可利用此特性制成氯化锂电阻式湿度计（或湿度传感器）。

氯化锂电阻湿度计测头是将梳状的金属箔粘在绝缘板上，也可用两根平行的铂丝或铱丝绕在绝缘柱上，如图 2-34 所示。在绝缘表面上涂一层聚乙烯醇与氯化锂混合溶液作为感湿膜，当混合溶液干燥后，氯化锂均匀地附在绝缘板的表面上，聚乙烯醇的多孔性能保证水蒸气和氯化锂之间有良好的接触。梳状平行的金属箔或两根平行绕组并不接触，而依靠氯化锂使它们构成回路。氯化锂溶液层的电阻值就随空气中相对湿度的变化而变化，将此回路当作一桥臂接入交流电桥，电桥不平衡输出电位差，与空气湿度变化相适应，进行标定后，只需测出电桥对角上的电位差即可确定空气的相对湿度。

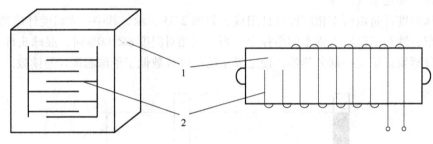

图 2-34　氯化锂电阻湿度计机构示意图

1—绝热板（上面附有感湿膜）　2—金属电极

氯化锂电阻值还受温度影响，在使用中必须注意温度补偿。测定桥路不得使用直流电，否则会使传感器产生电解。

氯化锂电阻湿度计的优点是结构简单，体积小，反应速度快，灵敏度高；缺点是每个测头量程窄，一般只有相对湿度 15%～20%，互换性差，易老化，耐热性差，不能用于露点以下。因此，一般采用多片氯化锂感湿元件组合，各感湿元件上涂的氯化锂浓度不相同，分别适应不同的相对湿度。

2.4.3　露点法湿度测量（氯化锂露点湿度计）

露点法是测量湿空气达到饱和时的湿度，也是吸湿法的一种，其准确度高，测量范围广。计量用的精密露点仪准确度可达±0.2℃甚至更高。

图 2-35 所示是氯化锂露点湿度计的结构图，在测头上黄铜套内放置测温用的铂电阻温度计 1，铂丝 3 为加热电阻，当空气中相对湿度 φ 超过 12% 时开始有电流输入，产生热能 I^2R，电阻 R 随两铂丝之间涂有氯化锂物的电阻而变化。电流热效应使测头的温度升高，氯化锂溶液的饱和蒸气压也随之升高。当此压力小于大气中水蒸气分压时，氯化锂吸湿而潮解，两铂丝电阻减小，在外加 24V 电压作用下，电流增大，使测头温度继续升高，氯化锂饱和蒸气压也逐渐升高，并使吸湿量随之减少，电阻 R 增加，电流减小。而后测头温度逐渐升高，当测头温度升至其饱和蒸气压与空气中水蒸气分压相等时，氯化锂水分全部蒸发完毕，电阻 R 值剧增（非导体状），电流为零，测头湿度下降，氯化锂又开始吸潮，金属丝间电阻又减小，电流增加，最后测头与被测介质间达到热平衡状态，测头维持在特定温度上，即图 2-36 中 C 点对应的温度，此点温度称为平衡温度 t_c（℃）。由于测头的饱和蒸气压等于被测介质的水蒸气分压力，将空气状态点 A 与 C 点连接并延长与曲线 1 相交得 B 点，B 点所

对应的温度即为被测空气的露点温度 t_a。利用铂电阻配上显示仪表可测出平衡温度或直接显示出露点温度，明确露点温度 t_a 后，可依据下式求出相对湿度。

$$\ln\varphi=-B\left(\frac{1}{At_c+C}-\frac{1}{t_a}\right) \tag{2-29}$$

式中，A、B、C 均为近似常数；t_a 是空气的露点温度，单位为℃；t_c 是平均温度，单位为℃；φ 是相对湿度（%）。

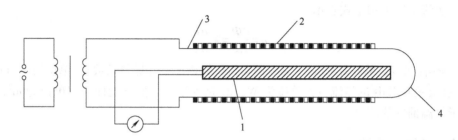

图 2-35　氯化锂露点湿度计结构示意图
1—铂电阻温度计　2—玻璃丝布套　3—铂丝　4—结缘管

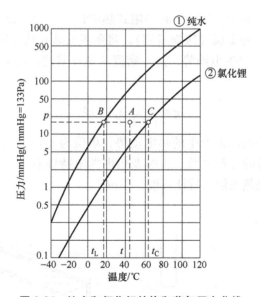

图 2-36　纯水和氯化锂的饱和蒸气压力曲线

使用氯化锂露点湿度计时应注意，测头周围的空气温度（即被测空气的温度）应在被测空气的饱和温度（即露点温度）与平衡温度之间。若长期使用不重涂氯化锂溶液，则露点指示有偏高的趋势，因此，实际使用时间隔三个月，就要重涂一次氯化锂溶液，才能确保指示值正确。

2.5　热量的测量

在热工测量中经常需测量通过物体的热流密度或热流量。由于传热分为热传导、对流换热和辐射换热三种基本方式，若直接用热流计测量对流热流量比较困难，而测量热传导和辐射热流相对比较简单，因此，目前热流计多为热传导与热辐射两种热流计，按结构不同分为金属片型、薄板型、热电堆型、热量型和潜热型五大类型。

2.5.1　热流计的工作原理

依据傅里叶定律，当有热流通过热流计测头时，测头热阻层上将产生温度梯度，通过热流测头的热流密度可用下式表示

$$q = \frac{\mathrm{d}\Phi}{\mathrm{d}s} = \lambda \frac{\partial T}{\partial X} \tag{2-30}$$

式中，q 是热流密度，单位为 $\mathrm{W/m^2}$；λ 是测头材料的热导率（导热系数），单位为 $\mathrm{W/(m \cdot K)}$；$\mathrm{d}\Phi$ 是通过微元面积 $\mathrm{d}s$ 的热流量，单位为 W；$\mathrm{d}s$ 是等温面上的微元面积，单位为 $\mathrm{m^2}$；$\partial T / \partial X$ 是垂直于等温面的热流量。

2.5.2　典型热流计

1. 薄板型热流计

薄板型热流计是目前使用较广的一种热阻式热流计，它利用金属薄板（铜板和康铜板）的两个表面贴或镀上另一种金属（康铜或铜）。将薄板安装在待测物体表面后，当有热流通过时，薄板两面由于温差产生电动势，热流密度与电动势之间存在如下关系，其原理图如图 2-37 所示。

$$q = \frac{\lambda}{l}(t_1 - t_2) = kE \tag{2-31}$$

式中，E 是热电偶热、冷端温差产生的热电动势，单位为 mV；k 是已知薄板型热电偶本身的比例常数，k 值与材料的导热系数、板厚及热电偶电特性有关。λ 是热电偶的导热系数，单位为 $\mathrm{W/(m \cdot K)}$；l 是热电偶的特征长度，单位为 m。

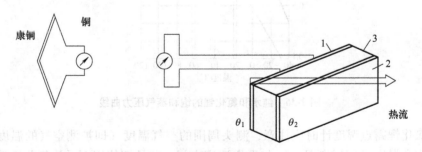

图 2-37　薄板型热流计结构示意图
1、2—铜　3—康铜板

热阻式热流测头能测量几 $\mathrm{W/m^2}$ 到几万 $\mathrm{W/m^2}$ 的热流密度，由于 E 存在非线性误差及金属镀层或贴层易在高温中氧化，所以此类热流计只能在温度较低时使用，一般在 200℃ 以内，特殊结构可达 500～700℃。热阻式热流计测头反应时间一般较长，随热阻层的性能和厚度不同，反应时间从几秒到几十分钟或更长，因此，此类测头比较适合变化缓慢的或稳定的

热流测量。

热阻式热流测头的安装位置如图 2-38 所示，对于水平安装的有均匀保温层的圆形管道，测点应选在管道上部表面且与水平面之间的夹角均为 45°处，此处的热流密度大约等于其截面上的平均值。当保温层受冷、热或室外气流温度、风速、日照影响时，可在同一截面上选几个有代表性的位置测量，测量数据与平均值比较，从而确定合适的测试位置。对于垂直平壁面和立管，可类似考虑，通过测试找出合适的测点位置。

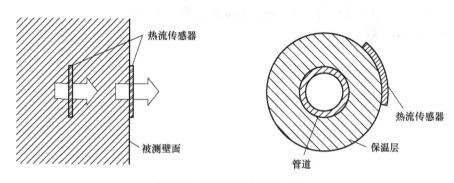

图 2-38 热阻式热流测头安装

2. 热量型热流计

热量型热流计主要测量以热水为热媒的热源产生的热流量，或用户消耗的热流量。热水热流量可用下式计算

$$Q = q_m(h_s - h_r) \tag{2-32}$$

式中，Q 是热水的热流量，单位为 kJ/h；q_m 是热水的质量流量，单位为 kg/h；h_r 是回水焓值，单位为 kJ/kg；h_s 是供水焓值，单位为 kJ/kg。

热水焓值可通过式（2-33）近似计算：

$$h = c_p t \tag{2-33}$$

式中，c_p 是热水的比定压热容，单位为 kJ/(kg·K)；t 是水的温度，单位为℃。

在供、回水温差不大时，可以把供、回水的比定压热容看成是相等的，此时式（2-32）可写成

$$Q = kq_m(t_s - t_r) \tag{2-34}$$

式中，t_s、t_r 分别是供、回水温度，单位为℃；k 是仪表常数。

热水热流量可通过测量供、回水温度和热水流量根据式（2-34）计算出。

1. 常用的温标有几种？它们之间的关系如何？
2. 压力式温度计是怎样工作的？有何特点？
3. 热电偶是一种接触式测温设备，测温时为什么需要进行冷端补偿？
4. 应用热电偶测温的基本原理是什么？其测温特点有哪些？
5. 热电偶一般遵循的基本定律是什么？

6. 有人说补偿导线作为热偶的延长线可以随便使用而不需考虑热偶和补偿导线处的温度，这种说法对吗？为什么？

7. 弹簧压力表校验时常见的问题有哪些？

8. 弹簧管压力表是常见的最简单的压力测量仪表，当它的指针脱落或松动后，如何正确安装指针？

9. 有人在校验压力表时经常用手轻敲表壳，这是允许的吗？为什么？

10. 有的压力表表壳背面有个小圆孔，这是起什么作用的？

11. 什么是热电效应？

第 **3** 章 工程热力学实验

3.1 湿空气参数测定实验

3.1.1 实验仪器设备简介

1. 空盒气压计

空盒气压计如图 3-1 所示，空盒气压计由一个波纹状金属真空盒和一套杠杆机构组成。大气压变化时盒面变形值经杠杆机构放大，带动盒面指针转动指出大气压值。空盒气压计使用前应用水银气压计校正，校正时用小螺丝刀微微拧转盒背面（或侧面）的调节螺丝，使指针所示气压值与水银气压计一致。

测定时，将其水平放置，用手指轻轻敲击盒面数次，消除指针的蠕动现象，等待数分钟后再读值，读值应根据仪器所附检定证进行刻度和温度的补充校正。

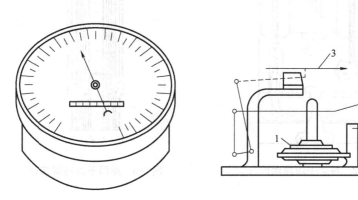

图 3-1 空盒气压计

1—金属盒 2—弹簧 3—指针

2. 普通干湿球温度计和通风干湿球温度计

空气的相对湿度与人体的舒适与健康、某些工业产品的质量都有着密切的关系。因此，准确地测定和评价空气的相对湿度是十分重要的。常用的测量仪表有普通干湿球温度计、通风干湿球温度计等。

（1）普通干湿球温度计　普通干湿球温度计由两支相同的温度计组成，如图 3-2 所示。一支温度计保持原状，它可直接测出空气的温度，称之为干球温度；另一支温度计的球部包有脱脂纱布条，纱布的下端浸在盛有蒸馏水的容器里，因毛细作用纱布会保持湿润状态，它测出的温度称之为湿球温度。

（2）通风干湿球温度计　通风干湿球温度计分手动式（风扇由发条驱动）、电动式，手动式如图 3-3 所示。其温度计刻度范围为 $-26 \sim 51℃$，最小分度值（刻度值）为 $0.2℃$。它与普通干湿球温度计的主要差别是在两支温度计的上部装有一个小风扇，可使在通风管道内的两支温度计温包周围的空气流速稳定在 $2 \sim 4m/s$，消除了空气流速变化的影响；另外，在两支温度计温包部还装有金属保护套管以防止热辐射的影响。

通风干湿球温度计如图 3-3 所示，由两支水银温度计组成，其中，一支为干球温度计，另一支的水银球上包着纱布，叫湿温度计（又叫湿球温度计）。

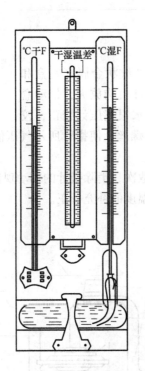

图 3-2　普通干湿球温度计

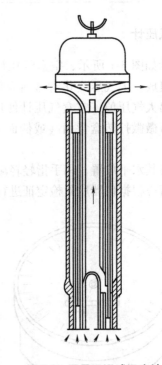

图 3-3　通风干湿球温度计

3. 三杯风向风速表

图 3-4 所示为 FYF-1 型轻便三杯风向风速表，它的风速测量部分采用了微机控制技术，可以同时测量瞬时风速、瞬时风级、平均风速、平均风级和对应浪高等 5 个参数。并采取了许多降低功耗的措施，大大减少仪器的功耗。它带有数据锁存功能，便于读数。在风向部分采用了指北装置，测量时无须人工对比，简化测量操作。风速表仪器体积小，重量轻，功能全，耗电省，可以广泛应用于农林、环境、海洋、科学考察等领域测量大

气的风参数。

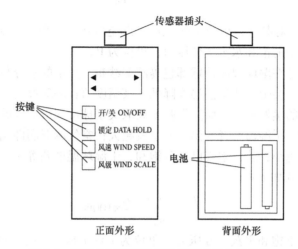

图 3-4　FYF-1 型轻便三杯风向风速表主机外形

3.1.2　实验课程内容

大气压力、室内空气温度及湿度、空气流速为室内环境主要气象参数，对空调工程而言，空气调节的任务一般是在某一特定的空间（或房间）内，对空气温度、湿度、流速及清洁度进行人工调节，以满足人体舒适和工艺生产过程的要求。了解这些参数的物理意义及测量方法，对能源动力类专业的学生是非常必要的。

1. 实验目的

1）掌握测定大气压力，空气温度、湿度及流速的方法。

2）掌握实验中所使用仪表的工作原理和使用方法，合理选择仪器对某一个室内的气象参数进行测定分析。

2. 实验原理

（1）大气压测定　常用测定大气压的仪表有水银气压计和空盒气压表，一般多采用空盒气压表。空盒气压表是以弹性金属做成的薄膜空盒作为感应元件，它将大气压力转换成空盒的弹性位移，通过杠杆和传动机构带动指针。当指针顺时针方向偏转时，就指示出气压升高的变化量，反之，当指针逆时针方向偏转时，就指示出气压降低的变化量。当空盒的弹性应力与大气压力相平衡时，指针就停止转动，这时指针所指示的气压值就是当时的大气压力值。

（2）空气相对湿度测定　通常大气是由干空气和水蒸气两部分组成的。湿度是表示空气干湿程度的物理量，即是表示大气中水蒸气含量多少的尺度。常用表示空气湿度的方法有绝对湿度、相对湿度和含湿量。相对湿度是指空气中水蒸气的实际含量接近于饱和的程度，又称饱和度，它以百分数来表示，通常用空气中水蒸气分压力与同温度下饱和水蒸气压力之比来表示，即

$$\varphi = \frac{p_q}{p_b} \times 100\% \qquad (3\text{-}1)$$

式中，φ 是湿空气的相对湿度，单位为%；p_q 是湿空气中水蒸气分压力，单位为 Pa；p_b 是同干球温度下湿空气中的饱和水蒸气分压力，单位为 Pa。

普通干湿球温度计在湿球温度计球部包裹潮湿纱布，其中的水分与空气接触时产生热湿交换。当水分蒸发时，会带走热量使温度降低，其温度值在湿球温度计上表示出来。温度降低的多少取决于水分的蒸发强度，而蒸发强度又取决于球部周围空气的相对湿度。空气越干燥即相对湿度越小时，干湿球两者的温度差也就越大；空气越湿润即相对湿度越大时，干湿球两者的温度差也就越小；若是空气已达到饱和，干湿球温度差等于零。普通干湿球温度计相对湿度 φ 的计算公式如下：

$$\varphi = \frac{p_s - A(t - t_s)p_a}{p_b} \times 100\% \qquad (3\text{-}2)$$

式中，p_s 是湿球温度下饱和水蒸气分压力，单位为 Pa；t 是空气的干球温度，单位为℃；t_s 是空气的湿球温度，单位为℃；A 是与风速有关的系数，$A = 0.00001(65 + 6.75/v)$，其中 v 是流经湿球的风速，单位为 m/s；p_a 是大气压力，单位为 Pa；p_b 是同温度下湿空气中的饱和水蒸气分压力，单位为 Pa。

为了消除普通干湿球温度计受周围空气流速不同和存在热辐射时产生的测量误差，设计生产了通风干湿球温度计。通风干湿球温度计选用两只较精确的温度计，分度值在 $0.1 \sim 0.2$℃，其测量空气相对湿度的原理与普通干湿球温度计相同。

(3) 风向风速测定 图 3-5 所示为风向风速仪，它包括风向和风速两部分测量装置。

1) 风向部分。风向部分由保护风杯的护圈所支撑。由风向标、风向轴及风向度盘等组成，装在风向度盘上的磁棒与风向度盘组成磁罗盘用来确定风向方位。当旋转处于风向度盘外壳下的托盘螺母时，托盘把风向度盘托起或放下，使锥形宝石轴承与轴尖离开或接触。风向示值由风向指针在风向度盘上的稳定位置来确定。

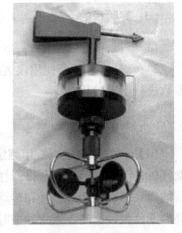

2) 风速部分。风速的传感器采用的是传统的三杯旋转架结构，它将风速线性地变换成旋转架的转速，为了减小起动风速，采用铝制的轻质风杯，用锥形宝石轴承支撑。在旋转架的轴上固定有一个齿状的叶片，当旋转架随风旋转时，轴带动着叶片旋转，齿状叶片在光电开关的光路中不断切割光束，从而将风速线性地变换成光电开关的输出脉冲频率。

图 3-5 风向风速仪

仪器内的单片机对风传感器的输出频率进行采样、计算，最后仪器输出瞬时风速、1min 平均风速、瞬时风级、1min 平均风级、平均风级对应的浪高，测得的参数在仪器的液晶显示器上用数字直接显示出来。为了减少仪器的功耗，仪器中的传感器和单片机都采取了一些降低功耗的专门措施。为了保证数据的可靠性，仪器中还带有电源电压检测电路，当电源电压低于 2.7V 时，仪器显示器显示 "LLLL" 提示用户电源电压太低数据已不可靠。

3. 实验方法与步骤

（1）大气压测定　测量时应将空盒气压表水平放置。读数前用手指轻轻扣敲仪器外壳或表面玻璃，以消除传动机构中摩擦引起的指针蠕动现象。读数时应保持指针与其在镜面内的像相重叠，此时指针所指数值即为空盒气压表的示值。读取空盒气压表上温度表的示值，读数保留小数点后一位。

大气压值的修正：仪器上读取的气压表的示值只有经过下列修正后方能使用。

1）温度修正。由于环境温度的变化，将会影响空盒气压表金属的弹性，因此必须对气压表的示值进行温度修正，计算式如下：

$$\Delta p_t = at \tag{3-3}$$

式中，Δp_t 是温度修正值；a 是温度系数值（空盒气压表检定证书上附有）；t 是温度表读数。

2）示度修正。由于空盒气压表传动的非线性，当气压不同于标准大气压时就会产生示值误差，因此必须进行示值修正。修正方法：根据气压表的示值，查检定证书上给出的示度修正值表，在相对应的气压范围内，用内插法求出示度修正值 Δp_s。

3）补充修正。这是为了消除空盒气压表余下变形对示值产生影响而进行的修正，补充修正值 Δp_d 可以从检定证书上查得。

经修正后的气压值可由下式计算：

$$p = p_s + (\Delta p_t + \Delta p_s + \Delta p_d) \tag{3-4}$$

（2）空气相对湿度测定　使用通风干湿球温度计时，应在观测前将其悬挂好，并应保证周围的障碍物距离温度计球部至少有 20cm，这是为了避免障碍物本身的热辐射影响温度的测值，操作者也应远离至少 0.5m，读数前再接近。通风干湿球温度计悬挂好以后，必须经过一定的时间（夏季至少 15min，冬季至少 30min），才能开始观测。

观测前，还应先湿润湿球温度计的纱套。湿润纱套的时间：夏季在观测前 4min，冬季在观测前 15min（有冻冰时应使之融化掉），以湿润为准，观测前不能有滴水现象。

湿润纱套应使用仪器附带的玻璃加水管、橡皮囊、弹夹进行，并应采用蒸馏水，不能用井水、泉水、自来水，每观测一次需重新湿润一次。

纱套润湿以后，将通风器的发条上紧，上紧发条时，为防止风扇转动，上发条前用纸棒从排风孔处轻轻插入用来止动风扇，上满弦时抽掉纸棒（纸棒可用厚纸片或多层薄纸叠成，禁用硬物、金属物），待通风器转动 4min 后开始读数，再对读数进行修正（即按两支温度计检定证书所列的与标准温度表比较得出该表各整 10℃ 点上的修正值，进行修正、消除误差），然后再根据修正后的干球温度和湿球温度从仪器附有的简明温度查算表中查算出空气湿度的绝对值或相对值。

读数时，观测者应站在下风向，读数要迅速而准确。

在野外使用时，若风速大于 3m/s，应在通风干湿球温度计的通风器前迎风面上加装一个风挡（仪器附件之一），以防止大风对于通风速度的不良影响。

（3）风向风速测定

1）风向测量部分。在观测前应先检查风向测量部分是否垂直牢固地连接在风速仪风杯的护架上，并反向旋转托盘螺母使支撑着风向度盘的托盘下降，使轴尖与锥形宝石轴承接触；观测时应在风向指针稳定时读取方位读数；观测后为了保护轴尖与锥形宝石轴承，正向旋转托盘螺母，使托盘上升，托起风向度盘，从而使轴尖与锥形宝石轴承离开。

2）风速测量部分。确认仪器内已经装上电池，若没有装电池应首先装入电池。该仪器采用的是 3 节 5#干电池，应注意不要采用普通的可充电电池（输出电压 1.2V，不满足要求）。打开仪器的后盖板，将 3 节 5#干电池装入电池架内（注意电池的极性一定要正确，看准后再将电池装入）。电池装入后，仪器可能处于通电状态，也可能处于断电状态，这时可用面板上的电源开关，来控制仪器的通断电。

参见图 3-4 所示仪器的面板布置，仪器通电后首先进行显示器的自检，显示器上所有画面大约显示 2s，然后仪器便进入测量状态。

显示器上一共有 4 位数字，左边第一位显示的是参数号，其含义为：A 是瞬时风速；B 是平均风速；C 是瞬时风级；D 是平均风级；E 是对应浪高。后面的三位数字显示的是参数数值。

当仪器处于锁存状态时显示器左边显示两个小三角，它们是锁存标志记号；当仪器退出锁存状态时左边的两个小三角消失。

显示器的右边有三个小三角，但运行时只会出现一个，它们是单位标志记号，它指示显示参数的单位。瞬时、平均风速单位为 m/s；瞬时、平均风级单位为级；对应浪高单位为 m。

仪器运行时，同时测量瞬时风速、瞬时风级、平均风速、平均风级、对应浪高这 5 个参数，但一次只能显示其中的一个参数。显示参数由风速键和风级键来切换，每按一次风速键显示参数就在瞬时风速和平均风速之间切换，每按一次风级键显示参数就在瞬时风级、平均风级、对应浪高之间切换，与此同时单位的标志记号也相应切换。

4. 实验数据记录与整理

在整个实验过程中，每隔 10min 读取空盒气压计、普通干湿球温度计、通风干湿球温度计以及风速表的读数，并将它们记录在表 3-1 中，实验完成后进行整理与计算。

表 3-1　室内环境气象参数测定实验记录整理表

实验项目	实验次数				平均值
	1	2	3	4	
空盒气压计所测气压/mmHg					
普通干球温度/℃					
普通湿球温度/℃					
通风干球温度/℃					
通风湿球温度/℃					
空气速度/（m/s）					

5. 实验报告

实验报告应认真撰写，内容可包括：实验目的、实验原理、实验方法及过程、实验数据整理及分析、结论、实验存在的问题。

1. 分析实验产生误差的原因及减小误差的可能途径。

2. 通风干湿球温度计悬挂好以后，为什么必须经过一定的时间才能进行测量？

3.2　气体定压比热容测定实验

3.2.1　实验仪器设备简介

比热容仪实验装置由风机、流量计、比热容仪主体、电功率调节及测量系统四部分组成，如图 3-6 所示，比热容仪主体如图 3-7 所示。

实验视频

被测空气（也可以是其他气体）由风机经流量计送入比热容仪主体，经加热、均流、旋流、混流后流出。在此过程中，分别测定气体在流量计出口处的干球温度 t_0 和湿球温度 t_d，以及气体流经比热容仪主体的进、出口温度 t_1、t_2，气体的体积流量 q_V，电加热器的输入功率 P，当地即时的大气压力 p_B 和流量计进出口处的表压差值 Δh，由此查出相应的物性参数，计算出被测气体的定压比热容 c_p。本比热容仪实验装置可测量 300℃ 以下气体的定压比热容。

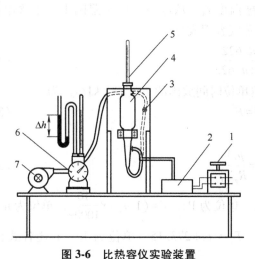

图 3-6　比热容仪实验装置

1—调节变压强　2—电功率表　3—流量调节阀
4—比热容仪主体　5—温度计　6—流量计
7—风机

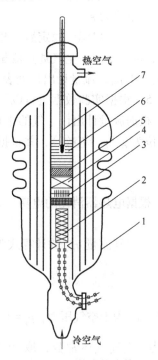

热空气

冷空气

图 3-7　比热容仪主体

1—多层杜瓦瓶　2—电加热器　3—均流网
4—绝热垫　5—旋流片　6—混流网
7—出口温度

3.2.2 实验课程内容

1. 实验目的

1）了解气体定压比热容测定装置的设计原理。
2）熟悉本实验中温度、压力、热量、流量的测量方法。
3）掌握比热容公式的整理方法及比热容值的计算方法。
4）分析实验中可能产生误差的原因及减小误差的途径。

2. 实验步骤及数据处理

1）接通电源及测量仪表，选择所需的出口温度计并插入混流网的凹槽中。

2）摘下流量计上的温度计，开动风机，调节节流阀，使流量保持在额定值附近，测出流量计出口空气的干球温度 t_0 和湿球温度 t_d。

3）将温度计插回流量计，调节流量，使它保持在额定值附近。逐渐提高电热器的功率，使出口温度升高到预计温度，可根据下式预先估计所需电功率为

$$P = \frac{12\Delta t}{\tau} \tag{3-5}$$

式中，P 是电热器输入电功率，单位为 kW；Δt 是进出口温度差；τ 是每流过 10L 空气所需时间，单位为 s。

4）待出口温度稳定后（出口温度在 5~6min 内，无变化或仅有微小起伏，即可视为稳定），读出每 10L 空气通过流量计所需的时间 τ，比热容仪进口温度 t_1、出口温度 t_2，当地即时大气压 p_B，流量计出口处表压 h，电加热器的输入功率 P。

5）根据实验数据进行以下计算：

根据流量计出口空气的干球温度 t_0 和湿球温度 t_d，从湿空气的干湿图中查出含湿量 d（单位为 g/kg 干空气），并根据下式计算出水蒸气容积成分

$$r_w = \frac{d/622}{1+d/622} \tag{3-6}$$

根据电热器消耗的电功率，可计算电热器单位时间放出的热量 Q（kJ/s）为

$$Q = P \tag{3-7}$$

干空气流量 $q_{m,g}$ 的计算式为

$$q_{m,g} = \frac{p_g V}{R_g T_0} \tag{3-8}$$

式中，p_g 为干空气压力，$p_g = 133.32 p_B + 9.81\Delta h$，单位为 Pa；$V = (1-r_w) \times \dfrac{10}{1000\tau}$，单位为 m³/s；$R_g$ 为干空气气体常数，取 287.1J/（kg·K）；$T_0 = t_0 + 273.15$，单位为 K。上述各式代入式（3-8），整理可得：

$$q_{m,g} = \frac{(1-r_w)(133.32 p_B + 9.81\Delta h)\dfrac{10}{1000\tau}}{287.1(t_0 + 273.15)}$$

$$= \frac{3.483 \times 10^{-5}(1 - r_w)(133.32 p_B + 9.81 \Delta h)}{(t_0 + 273.15) \tau} ^{\ominus}$$

水蒸气流量 $q_{m,w}$ 的计算式为：

$$q_{m,w} = \frac{p_w V_w}{R_w T} \tag{3-9}$$

式中，p_w 为水蒸气压力，取值与 p_g 相等，单位为 Pa；V_w 为水蒸气体积流量，$V_w = r_w \times \dfrac{10}{1000\tau}$，单位为 m^3/s；R_w 为水蒸气气体常数，取 461.5J/(kg·K)；T 为水蒸气热力学温度，取值与干空气温度相等。上述各式代入式（3-9），整理可得：

$$q_{m,w} = \frac{r_w(133.32 p_B + 9.81 \Delta h) \dfrac{10}{1000\tau}}{461.5(t_0 + 273.15)}$$

$$= \frac{2.1668 \times 10^{-5} r_w(133.32 p_B + 9.81 \Delta h)}{(t_0 + 273.15) \tau}$$

水蒸气单位时间吸收热量 Q_w，单位为 kW，为

$$Q_w = q_{m,w} \int_{t_1}^{t_2} (1.8438 + 0.0004886t) \mathrm{d}t$$

$$= q_{m,w}[1.8438(t_2 - t_1) + 0.0002443(t_2^2 - t_1^2)] \tag{3-10}$$

式中，t_1、t_2 分别为水蒸气加热前后的温度，单位为℃。

干空气的定压比热容 c_p 的计算式为

$$c_p \Big|_{t_1}^{t_2} = \frac{Q_g}{q_{m,g}(t_2 - t_1)} = \frac{Q - Q_w}{q_{m,g}(t_2 - t_1)} \tag{3-11}$$

式中，Q_g 是单位时间干空气吸收的热量，单位为 kJ/s。

计算举例：某一稳定工况的实测参数如下，$t_0 = 8$℃，$t_d = 5$℃，$p_B = 748 \text{mmHg}$，$V = 10 \text{L}$，$t_1 = 8$℃，$t_2 = 240.3$℃，$\tau = 69.96 \text{s}$，$P = 41.84 \times 10^{-3} \text{kW}$，$\Delta h = 16 \text{mm}$。查湿空气的焓湿图得 $d = 6.3 \text{g/kg}$ 干空气，相对湿度 $\varphi = 93\%$。

$$r_w = \frac{6.3/622}{1 + 6.3/622} = 0.010027$$

$$Q = 41.84 \times 10^{-3} \text{kJ/s}$$

$$q_{m,g} = \frac{3.483 \times 10^{-5}(133.32 \times 748 + 9.81 \times 16)(1 - 0.010027)}{(8 + 273.15) \times 69.96} \text{kg/s}$$

$$= 175.1 \times 10^{-6} \text{kg/s}$$

$$q_{m,w} = \frac{2.1668 \times 10^{-5} \times 0.010027 \times (133.32 \times 748 + 9.81 \times 16)}{(8 + 273.15) \times 69.96} \text{kg/s}$$

$$= 1.103 \times 10^{-6} \text{kg/s}$$

$$Q_w = 1.103 \times 10^{-6}[1.8438(240.3 - 8) + 0.0002443(240.3^2 - 8^2)] \text{kJ/s}$$

$$= 487.97 \times 10^{-6} \text{kJ/s}$$

⊖　为了简洁，式中大量数值都省去了单位，这种写法并不规范。

$$c_p \mid_{t_1}^{t_2} = \frac{41.84 \times 10^{-3} - 0.48797 \times 10^{-3}}{175.1 \times 10^{-6}(240.3-8)} kJ/(kg \cdot K)$$
$$= 1.01662 kJ/(kg \cdot K)$$

比热容随温度的变化关系：假定在 0~300℃ 之间，空气的真实定压比热容与温度之间近似有线性关系，则平均比热容为

$$c_p \mid_{t_1}^{t_2} = \frac{\int_{t_1}^{t_2} (a+bt)dt}{t_2 - t_1} = a + \frac{b}{2}(t_1 + t_2)$$

6）若以 $(t_1+t_2)/2$ 为横坐标，$c_p \mid_{t_1}^{t_2}$ 为纵坐标，建立直角坐标系，则可根据不同温度范围内的平均比热容确立截距 a 和斜率 b，从而得出比热容随温度变化的计算式。

3. 注意事项

1）不能在无气流通过的情况下，使电热器工作，以免引起局部过热而损坏比热容仪主体。

2）输入电热器的电压不得超过 220V，气体出口最高温度不得超过 300℃，为安全起见，一般应在 280℃ 以下。

3）加热和冷却要缓慢进行，防止温度计和比热容仪主体因温度骤升骤降而破裂。

4）停止实验时，应先切断电热器，让风机继续运行 10~15min（温度较低时可适当缩短时间），对电热器进行冷却。

4. 实验报告

气体定压比热容测定实验测量记录与实验报告参考格式如下。

（1）实验条件　主要包括：实验时间（年/月/日）、室内温度 t_0（℃）、大气压力 p_B（Pa 或 mmHg）等。

（2）测量记录在表 3-2 中

表 3-2　气体定压比热容测定实验数据记录表

测定序号	t_0/℃	t_d/℃	t_1/℃	t_2/℃	V/L	τ/s	P/kW	p_B/mmHg
1								
2								
n								

（3）计算结果记录在表 3-3 中

表 3-3　气体定压比热容测定实验数据计算结果表

测量序号	Δh/mm	r_w	Q/(kJ/s)	$q_{m,g}$/(kg/s)	$q_{m,w}$/(kg/s)	Q_w/(kJ/s)	$c_p \mid_{t_1}^{t_2}/[kJ/(kg \cdot K)]$
1							
2							
n							

（4）绘制曲线

（5）思考与讨论

1. 为什么用浸于水中的湿纱布将温度计感温头部包起来就可以测量湿球温度？

2. 为什么湿球温度 t_d 比干球温度 t_0 低？

3. 什么是露点温度？

4. 如果定压比热容 c_p 是温度的单调递增函数，当 $t_1 > t_2$ 时，$c_p\big|_0^{t_2}$、$c_p\big|_0^{t_1}$ 和 $c_p\big|_{t_1}^{t_2}$ 哪个大？

5. 杜瓦瓶内的旋流片和混流网起什么作用？

3.3　单级蒸气制冷压缩机性能测试

3.3.1　实验仪器设备简介

1. 实验装置简介

实验视频

制冷压缩机的制冷量的测试有几种方法，其中采用具有第二制冷剂的电量热器法是最精确的方法之一。具有第二制冷剂的电量热器法实验台的面板图和原理图分别如图 3-8 和图 3-9 所示。它主要由三部分组成：电量热器、制冷系统和水冷却系统。

电量热器法是间接测量压缩机制冷量的一种装置。它的基本原理是利用电加热器发出的热量来抵消压缩机的制冷量，从而达到平衡。电量热器是一个密闭容器，如图 3-10 所示。电量热器的顶部装有蒸发器盘管，底部装有电加热器，浸没于一种容

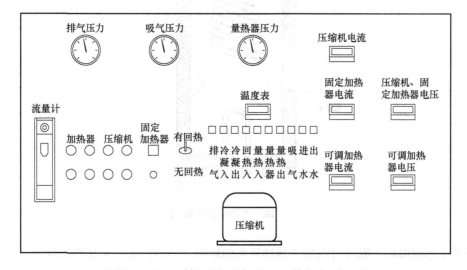

图 3-8　具有第二制冷剂的电量热器法实验台的面板图

易挥发的第二制冷剂（常用R11、R12，本装置采用R12）中。试验时，接通电加热器，加热第二制冷剂，使之蒸发。第二制冷剂饱和蒸气在顶部蒸发，经盘管被冷凝，又重新回到底部。

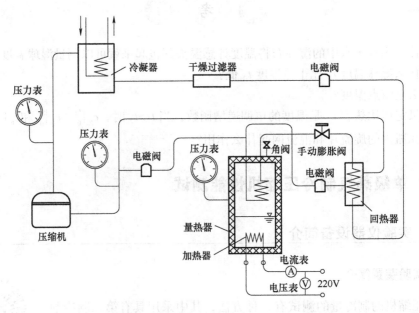

图 3-9　具有第二制冷剂的电量热器法实验台的原理图

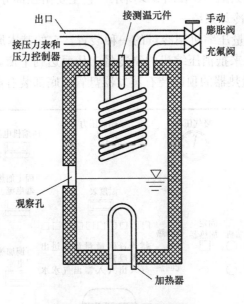

图 3-10　电量热器原理图

为了考虑周围环境温度对电量热器热损失的影响，实验之前，应仔细地标定电量热器的漏热量。标定方法为：先关闭量热器进口阀门，调节第二制冷剂的电加热量，使第二制冷剂压力所对应的饱和温度比环境温度高15℃以上（当温差低于15℃时，热损失可略而不计），并保持其压力不变，环境温度在 40℃ 以下时，保持其温度波动不超过 ±1℃，电加热器输入功率的波动应不超过 1%，每隔 10min 测量第二制冷剂压力及环境温度一次，直到连续四次相对应的饱和温度值的波动不超过 ±0.5℃。一般来说，实验持续的时间不少于 8～12h。然后，按下式计算出 K_F 值

$$K_F = \frac{P_e}{t'_{ab} - t'_h} \tag{3-12}$$

式中，K_F 是电量热器的热损失系数，单位为 kW/℃；P_e 是标定漏热量时，输入电量热器内的电功率，单位为 kW；t'_{ab} 是标定漏热量时，第二制冷剂压力所对应的平均饱和温度，单位为 ℃；t'_h 是标定漏热量时，周围环境平均温度，单位为 ℃。

电量热器在单位时间内的热损失为

$$\Phi = K_F(t_h - t_b) \tag{3-13}$$

式中，t_h 是试验时环境平均温度，单位为 ℃；t_b 是试验时与第二制冷剂压力相对应的平均饱和温度。

2. 实验运行系统

实验过程在教学用制冷压缩机性能实验台进行，实验台上安装单级封闭式制冷压缩机制冷系统，其中蒸发器和冷凝器以水为被冷却介质，各测温点均用铜电阻温度计，制冷剂工质采用 R12，压缩机的轴功率通过输入电功率来测算。实验台的制冷循环系统如图 3-11 所示，水循环系统如图 3-12 所示。

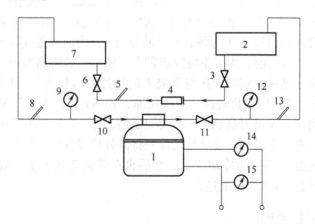

图 3-11　制冷循环系统简图

1—压缩机　2—冷凝器　3—截止阀　4—干燥过滤器　5—过冷温度计　6—节流阀　7—蒸发器
8—吸气温度计　9—吸气压力表　10—吸气阀　11—排气阀　12—排气压力表
13—排气温度计　14—电流表　15—电压表

3. 实验原理

液体汽化制冷是一种广泛应用的制冷方法，它利用液体汽化时的吸热效应而实现制冷，蒸气压缩式制冷系统是其中之一，蒸气压缩式制冷系统原理如图 3-13 所示。系统中，压缩机起着压缩和输送制冷剂蒸气的作用，并造成蒸发器中的低压、冷凝器中的高压，它是整个

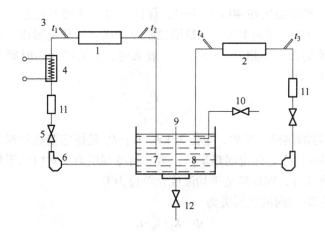

图 3-12 水循环系统简图

1—蒸发器　2—冷凝器　3—温度计　4—加热器　5—阀门　6—水泵
7—蒸发器水箱　8—冷凝器水箱　9—出水管　10—注水管　11—流量计　12—排水管

系统的心脏；膨胀阀（节流阀）对高压液体制冷剂起着节流降压的作用，同时还调节进入蒸发器的制冷剂流量；蒸发器的作用是输出冷量，制冷剂在蒸发器中吸收被冷却介质的热量，从而达到制取冷量的目的；冷凝器负责输出热量，冷却介质从冷凝器中带走制冷剂在蒸发器中吸取的热量，以及压缩机消耗的功所转化的热量。根据热力学第二定律，压缩机所消耗的功起到补偿作用，使制冷剂不断从低温介质中吸热，并向高温介质放热，完成整个制冷循环。

图 3-14 所示为单级蒸气制冷循环过程在压焓图上的表示。制冷剂吸收蒸发器中被冷却介质的热量，在压力 p_0、温度 t_0 下沸腾，到达状态点 1，为饱和蒸气状态，当压缩机不断地抽吸蒸发器中产生的蒸气之前，为了不将液滴带入压缩机，通常制冷剂在蒸发器中完全蒸发后仍要继续吸收一部分热量，实际上压缩机吸入的是过热饱和蒸气，1-2 为过热过程，点 2 为压缩机吸气点；过点 2，压缩机将过热蒸气压缩，到达点 3；由于压缩机压缩做功，使制冷剂蒸气压力升高到 p_k，温度升高到 t_3，2-3 为压缩过程；点 3 为压缩机排气点，制冷剂仍处于过热蒸气状态；进入冷凝器的过热蒸气首先将部分热量释放给外界冷却介质，在等压下变成饱和蒸气，到达点 4，3-4 为冷却过程；然后再在等温等压下继续放热，直至冷凝成饱和液体，到达点 5 状态，4-5 为冷凝过程。

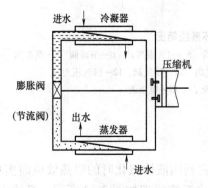

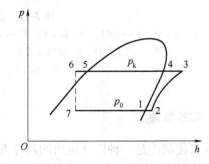

图 3-13 蒸气压缩式制冷系统原理图　　图 3-14 单级蒸气制冷循环在压焓图上的表示

　　实际循环中不仅存在制冷剂蒸气过热，而且还存在制冷剂液体过冷的问题。制冷剂液体温度低于同一压力下饱和状态的温度称为过冷，其温度差称为过冷度。过冷度的大小取决于冷凝系统的设计和制冷剂与冷却介质之间的温差。在具有过冷的循环中，过冷度越大，对循环越有利。它可以使单位制冷量增加，从而导致制冷系数增加。5-6 即为过冷过程。冷凝后的制冷剂经过膨胀阀，节流降压降温，使制冷剂压力由 p_k 降至 p_0，温度由过冷温度降至 t_0，并进入气液两相区。经过膨胀阀时，制冷剂焓值不变。但膨胀阀节流是一个不可逆的过程，故 6-7 过程用虚线来表示。冷凝后的制冷剂液体通过膨胀阀进入蒸发器，两相混合物中的液体在蒸发器中蒸发，从被冷却介质中吸取它所需要的汽化热，而混合物中的蒸气通常称为闪发蒸气，它在被压缩机重新吸入之前不再起吸热作用。

　　单级活塞式制冷压缩机标准工况下的制冷量与实际工况下的制冷量存在下列关系：

$$\varPhi_0 = \varPhi_s \frac{\lambda_0 q_{V0}}{\lambda q_V} \tag{3-14}$$

式中，$\varPhi_0$ 是标准工况下制冷压缩机的制冷量，单位为 kW；$\varPhi_s$ 是实际工况下制冷压缩机的制冷量，单位为 kW；λ_0 是标准工况下制冷压缩机的输气系数；λ 是实际工况下制冷压缩机的输气系数；q_{V0} 是标准工况下制冷压缩机单位容积制冷量，单位为 kJ/m³；q_V 是实际工况下制冷压缩机单位容积制冷量，单位为 kJ/m³。

　　根据上式，设实验用制冷压缩机理论标准工况下的输气量等于实际标准工况下的输气量，或者说，在理论的某一规定工况下的输气量等于实际的这一规定工况下的输气量，即 $\lambda_0 = \lambda$，便有

$$\frac{\varPhi_0}{q_{V0}} = \frac{\varPhi_s}{q_V} \tag{3-15}$$

而

$$q_{V0} = \frac{h_2 - h_7}{v_2} \tag{3-16}$$

$$q_V = \frac{h_2' - h_7'}{v_2'} \tag{3-17}$$

则可得

$$\varPhi_0 = \varPhi_s \frac{h_2 - h_7}{h_2' - h_7'} \frac{v_2'}{v_2} \tag{3-18}$$

式中，$\varPhi_s = G_z c_p (t_1 - t_2)$ 是实际工况下制冷压缩机的制冷量等于蒸发器的换热量，其中 G_z 是蒸发器中冷却介质（水）的质量流量，单位为 kg/s，c_p 是蒸发器中冷却介质（水）的定压比热容，单位为 kJ/(kg·℃)，t_1、t_2 是蒸发器中冷却介质（水）的进、出口温度，单位为 ℃；h_2 是在理论标准工况或理论规定工况的吸气温度、吸气压力下单位质量制冷剂蒸气的焓值，单位为 kJ/kg；h_7 是在理论标准工况或理论规定工况的过冷温度下，节流阀后单位质量液体制冷剂的焓值，单位为 kJ/kg；h_2' 是在实际标准工况或实际规定工况下离开蒸发器的单位质量制冷剂蒸气的焓值，单位为 kJ/kg；h_7' 是在实际标准工况或实际规定工况下节流阀后单位质量液体制冷剂的焓值，单位为 kJ/kg；v_2 是在理论标准工况或理论规定工况的吸

气温度压力下制冷剂蒸气的比体积，单位为 m^3/kg；v_2' 是在实际标准工况或实际规定工况的吸气温度压力下制冷剂蒸气的比体积，单位为 m^3/kg。

压缩机的轴功率是指由原动机传到压缩机主轴上的功率，用 P_s 来表示

$$P_s = \eta \frac{IU}{1000} \tag{3-19}$$

式中，P_s 是压缩机的轴功率，单位为 kW；I 是单级蒸气封闭式制冷压缩机的输入电流，单位为 A；U 是单级蒸气封闭式制冷压缩机的输入电压，单位为 V；η 是单级蒸气封闭式制冷压缩机电动机的传动效率，取 $\eta = 0.75$。

压缩机实际循环的制冷系数用 ε 来表示

$$\varepsilon = \frac{\Phi_0}{P_s} \tag{3-20}$$

当制冷压缩机系统达到平衡时，制冷剂在蒸发器中吸收被冷却介质的热量 Φ_s，再加上压缩机压缩所消耗功转化的热量 P_s，从理论上应该等于被冷却介质从冷凝器中带走的热量 Φ_L，即

$$\Phi_s + P_s = \Phi_L \tag{3-21}$$

式中，Φ_L 是冷凝器换热量，单位为 kW，$\Phi_L = G_L c_{pL}(t_4 - t_3)$，其中 G_L 是冷凝器冷却介质（水）的质量流量，单位为 kg/s，c_{pL} 是冷凝器中冷却介质（水）的定压比热容，单位为 kJ/(kg·℃)，t_3、t_4 是冷凝器冷却介质（水）的进、出口温度，单位为℃。

实际上系统中存在着热平衡误差，其值为

$$\delta_1 = \frac{\Phi_s + P_s - \Phi_L}{\Phi_s} \times 100\% \tag{3-22}$$

或者

$$\delta_2 = \frac{\Phi_L + P_s - \Phi_s}{\Phi_L} \times 100\% \tag{3-23}$$

3.3.2 实验课程内容

1. 实验目的

1）熟悉制冷循环系统的组成。

2）掌握测定制冷压缩机性能的方法。

3）通过制冷压缩机的运行和实际参数的测定，分析影响制冷压缩机性能的因素。

2. 实验步骤

1）将水箱充满水并接通电源。

2）打开膨胀阀开关，同时打开蒸发器、冷凝器水泵电源开关及水量调节阀门，水泵运转并向蒸发器、冷凝器供水。

3）开启压缩机。先打开压缩机吸气、排气阀门，停机时已将这两个阀门关闭，以免造成事故；打开压缩机开关，压缩机起动时，如出现不正常响声（液击），应立即停机，过半分钟后再开启压缩机。这样反复几次后，压缩机即可正常运转，如遇机械故障，应停机排除

故障后再重新起动。

4）调节工况。标准工况参数见表 3-4，实验工况的控制参数由指导教师给出（由于冷却介质采用自来水，为防止蒸发器冻结，不宜将蒸发温度定得过低），调定工况后，保持系统稳定运转，每隔 3min 将实验数据记入表 3-5 和表 3-6，调节方法如下：

① 蒸发压力和吸气温度的调节：蒸发压力可以从吸气压力表上近似地反映出来，开大或关小节流阀门，可以使蒸发压力提高或降低，随之吸气温度也将稍有降低或提高。

② 改变冷却介质（水）的温度可以通过改变电加热器的功率来实现，但一定要保证有一定量的水流通过电加热器。

③ 冷凝压力的调节：冷凝压力可以通过排气压力表上近似地反映出来。增加或减少冷凝水流量，可以使冷凝压力降低或提高；降低或提高冷凝水温度也可以使冷凝压力降低或提高。

④ 调节冷凝水的温度可以通过改变加入自来水量而实现。

注意：上述各种控制参数及相关参数的改变，对其他控制参数均有一定影响，故在调节时要互相兼顾。

5）停机。关闭加热器开关，加热器停止工作；关闭压缩机开关，压缩机停止工作；5min 后再关闭水泵开关及自来水开关，切断电源；如长期不使用，应关闭压缩机吸气、排气阀门，以防止制冷剂从压缩机轴封处泄漏。另外，还应将水箱内的水放尽、擦干。

6）计算分析结果：根据测量结果，用平均值计算出 Φ_0、P_s、ε 和误差 δ_1 或 δ_2，并分析讨论影响制冷压缩机性能的因素。

表 3-4　R12 全封闭单级蒸气压缩机标准工况参数表

蒸发温度 $t_0/℃$	蒸发压力 p_0/MPa	吸气温度 $t_r/℃$	吸气压力 p_s/MPa	冷凝温度 $t_k/℃$	冷凝压力 p_k/MPa
−15	0.183	+15	0.491	+30	0.745

过冷温度 $t_w/℃$	过冷压力 p_w/MPa	$h_2/(kJ/kg)$	$h_7/(kJ/kg)$	过热蒸气 v_2	
				L/kg	m³/kg
+25	0.651	357.703	223.65	35.4133	0.0354

表 3-5　R12 全封闭单级蒸气压缩机实验压缩机工况数据记录表

测量次数	吸气温度 $t_r'/℃$	排气温度 $t_k'/℃$	过冷温度 $t_w'/℃$	$t_1/℃$	$t_2/℃$	$t_3/℃$	$t_4/℃$
1							
2							
3							
平均							

表 3-6　R12 全封闭单级蒸气压缩机实验装置实验工况数据记录表

测量次数	吸气压力 p_0'/MPa	排气压力 p_k'/MPa	蒸发器水流量 G_z		冷凝器水流量 G_L		输入电流 I/A	输入电压 U/V	加热器电压 U/V
			L/h	kg/s	L/h	kg/s			
1									
2									
3									
平均									

注：水流量单位换算，$1\text{L/h} = 0.000278\text{kg/s}$。

3. 注意事项

设备维护应当注意以下事项：

1）根据设备使用情况，按 2~5 年更换水泵及压缩机电动机润滑油，按 1~3 年更换压缩机润滑油（25#冷冻机油）。

2）当蒸发压力调节不上去（排除系统堵塞的可能性后）或制冷量下降时，可适当补充制冷剂。

3）如系统制冷剂全部漏空，则需要在打压检漏、抽真空后重新按定量充入制冷剂。

4）每年对水箱内部除锈并涂防锈漆一次，以免水箱锈蚀。

4. 实验报告

单级蒸气制冷压缩机性能测试实验测量记录与实验报告参考格式如下。

（1）实验环境条件　主要包括：实验时间（年/月/日）、环境温度 t_a（℃）、环境相对湿度 φ（%）、大气压力 p_B（Pa 或 mmHg）等。

（2）实验记录　主要包括：表 3-4、表 3-5、表 3-6。

（3）数据处理　按书中的要求，分别用平均值计算出 Φ_0、P_s、ε 和 δ_1 或 δ_2 来，并分析讨论影响制冷压缩机性能的因素。

（4）结果分析　综合各小组的测试计算结果或采用小组独立测试各种工况的测试计算结果，以蒸发温度为横坐标、制冷量为纵坐标绘制压缩机制冷量随工况的变化规律曲线；同时还可以蒸发温度为横坐标、轴功率为纵坐标绘制压缩机轴功率性能曲线，然后加以分析讨论。

（5）实验体会

1）通过实验有哪些收获？

2）实验中有哪些环节需要改进？改进的方向是什么？

3）对于实验过程的设计，有哪些更好的设想？

思 考 题

1. 实验系统包括哪些循环过程？它们是怎样工作的？互相的依存关系如何？

2. 各部位温度用什么测试元件？具有什么性能？

3. 制冷压缩机是基于逆卡诺循环原理制造，制冷循环的效率对于节省能源起到显著的作用。那么，制冷压缩机性能参数包括哪些？这些参数有什么作用？

3.4　空气绝热指数测定实验

3.4.1　实验仪器设备简介

如图 3-15 所示，空气绝热指数测定实验装置由有机玻璃密闭容器、实验控制阀门、底座、压力计、充气气囊等组成，主要技术参数如下：

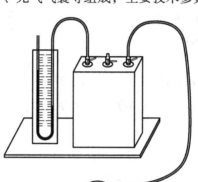

图 3-15　空气绝热指数测定实验装置

外形尺寸：400mm×300mm×500mm。

工作基本原理：利用刚性容器迅速放气测定空气绝热指数。

材质：容器主体由透明有机玻璃制造。

容积：不小于 15L。

U 形管压力计量程：−2000～2000Pa。

U 形管压力计精度：小于 2%。

阀门：进、放气均为 10mm 铜阀门。

底座：厚度 10mm 的有机玻璃板，四周打磨处理。

充气气囊：高质量乳胶球。

气管：长 50cm，产品符合 GB 3053—1993 标准。

3.4.2　实验课程内容

1. 实验目的

1）通过测量绝热膨胀和定容加热过程中空气的压力变化，计算空气绝热指数。

2）理解绝热膨胀过程和定容加热过程以及平衡态的概念。

3）掌握 U 形管压力计的使用方法。

2. 实验原理

气体的绝热指数定义为气体的定压比热容与定容比热容之比，以 κ 表示，即 $\kappa = c_p / c_V$。本实验利用定量空气在绝热膨胀过程和定容加热过程中的变化规律来测定空气的绝热指数

κ。实验过程的 p-V 图如图 3-16 所示。图中 AB 为绝热膨胀过程；BC 为定容加热过程。

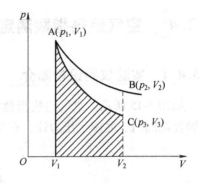

AB 为绝热过程，有

$$p_1V_1^\kappa = p_2V_2^\kappa \qquad (3\text{-}24)$$

BC 为定容过程，有

$$V_2 = V_3 \qquad (3\text{-}25)$$

假设状态 A 和 C 温度相同，则 $T_1 = T_3$。根据理想气体的状态方程，对于状态 A、C 可得

$$p_1V_1 = p_3V_3 \qquad (3\text{-}26)$$

将上式两边 κ 次方，得

$$(p_1V_1)^\kappa = (p_3V_3)^\kappa \qquad (3\text{-}27)$$

图 3-16　绝热膨胀过程和定容加热过程

由式（3-24）、式（3-27）得，$(p_1/p_3)^\kappa = p_1/p_2$，两边取对数，得

$$\kappa = \frac{\ln\dfrac{p_1}{p_2}}{\ln\dfrac{p_1}{p_3}} \qquad (3\text{-}28)$$

因此，只要测出 A、B、C 三状态下的压力 p_1、p_2、p_3 且将其代入（3-28）式，即可求得空气的绝热指数 κ。

3. 实验装置

空气绝热指数测定仪由刚性容器、充气阀、排气阀和 U 形管压力计组成，如图 3-15 所示。空气绝热指数测定仪以绝热膨胀和定容加热两个基本热力过程为工作原理，测出空气绝热指数。整个仪器简单明了，操作简便，有利于培养学生运用热力学基本公式从事实验设计和数据处理的工作能力，从而起到巩固和深化课堂教学内容的效果。

4. 实验步骤

实验对装置的气密性要求较高，因此，在实验开始时，应检查其气密性。通过充气阀对刚性容器充气，使 U 形管压力计的水柱 Δh 达到 200mmH$_2$O 左右，记下 Δh 值，5min 后再观察 Δh 值，看是否发生变化。若不变化，说明气密性满足要求；若变化，说明装置漏气，应检查管路连接处，排除漏气。若不能排除，则报告老师做进一步处理。此步骤一定要认真，否则将给实验结果带来较大的误差。实验过程中实验室的温度要基本恒定，否则，很难测出可靠的数据。

气密性检查完毕后可开始实验。分以下几步进行：

1) 首先，使大容器内的气体达到状态 A 点。关闭放气阀，利用充气阀（即橡皮球）进行充气。使 U 形管压力计的两侧有一个比较大的差值。等待一段时间，U 形管压力计的读数不再变化以后，记录下这时 U 形管压力计的读数 h_1，则 $p_1 = p_a + h_1$，p_a 为大气压力，采用膜盒大气压力表读出。

2) 然后，进行放气使大容器内的气体由 A 点达到状态 B 点。这是一个绝热过程，因此放气的过程一定要快，使放气过程中容器内气体和外界的热交换可以忽略。转动排气阀进行放气，并迅速关闭排气阀。这时 U 形管压力计读数在剧烈震荡不易读取，等 U 形管压力计读数刚趋于稳定时立刻读出 h_2 值，$p_2 = p_a + h_2$。

3）继续等待 U 形管压力计的读数变化。等到读数稳定后，读取 h_3 值，$p_3 = p_a + h_3$。稳定过程需要几分钟。

4）重复上述步骤，多做几遍，进行数据处理。

5）记录至少四次实验数据，并根据式（3-28）求得空气的绝热指数 κ，填入表 3-7 中。

6）对四次实验数据得出的空气绝热指数 κ 求和，计算出平均值 $\overline{\kappa}$。

表 3-7　空气绝热指数测定实验数据记录表

序号	状态 A		状态 B		状态 C		κ
	h_1	$p_1 = p_a + h_1$	h_2	$p_2 = p_a + h_2$	h_3	$p_3 = p_a + h_3$	
1							
2							
3							
4							
⋮							
n							

5. 实验报告

实验报告应认真撰写，内容可包括：实验目的、实验原理、实验方法及过程、实验数据整理及分析、结论、实验存在的问题。

1. 放气操作时应注意什么？原因是什么？
2. 把实验结果与标准值做比较，并分析造成误差的原因是什么。
3. 实验操作中的一个难点是读 h_2 值，试分析 h_2 的误差对结果的影响。

3.5　饱和水蒸气压力和温度关系的测定

3.5.1　实验仪器设备简介

本实验在可视性饱和水蒸气压力和温度关系测量仪上完成，它由电加热密封容器、压力表、调压器、电压表、水银温度计和玻璃观察窗等组成，如图 3-17 所示。实验附属设备配置有空盒式大气压力计 1 台、数字式温度湿度计 1 台。

实验视频

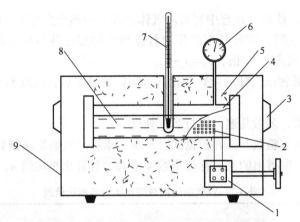

图 3-17 可视性饱和水蒸气压力和温度关系测量仪
1—调压变压器 2—电加热器 3—观察窗 4—密封容器 5—保温棉 6—压力表
7—温度计 8—蒸馏水 9—机壳

3.5.2 实验课程内容

1. 实验目的

1）观察饱和水蒸气压力和温度变化的关系，加深对饱和状态及发生沸腾物理现象基本概念的理解。

2）通过对实验数据的整理，掌握饱和水蒸气 p-t 关系图表的编制方法。

3）注意观察水在小容积和光滑的金属表面（汽化核心很少）的核态沸腾现象。

2. 实验步骤

1）熟悉实验装置的工作原理及性能。

2）将调压器指针调至零位，然后接通电源。

3）将调压器输出电压调至 200~220V，待水蒸气压力升至一定值时，将电压降至 20~50V 保温，保温到工况稳定后迅速记录水蒸气的压力和温度。

4）重复上述实验，在 0~1MPa 压力范围内实验不少于 3 次，且实验点应尽量分布均匀。

5）实验完毕后，将调压器指针调至零位，并断开电源。

6）记录室内空气温度和大气压力（当地即时压力值）。

7）测量数据记录和整理：按照上述的实验步骤进行实验，所得的数据按照表 3-8 记录并计算出误差。

表 3-8 饱和水蒸气压力和温度关系的测定实验数据表

实验次数	饱和压力/MPa			饱和温度/℃		误差	
	压力表指示值 p_A	大气压力 p_B	绝对压力 p	温度计 t_{me}	理论值 t_{th}	$\Delta t = \vert t_{me}-t_{th} \vert$ /℃	$(\Delta t/t_{th})$ ×100%
1							
2							

（续）

实验次数	饱和压力/MPa			饱和温度/℃		误差	
	压力表指示值 p_A	大气压力 p_B	绝对压力 p	温度计 t_{me}	理论值 t_{th}	$\Delta t=\left\|t_{me}-t_{th}\right\|$ /℃	$(\Delta t/t_{th})$ ×100%
3							
4							
5							

8）绘制 p-t 关系曲线：将实验结果的数据点描绘在直角坐标系中，清除偏离点，拟合出 p-t 关系曲线，如图 3-18 所示。

9）总结经验公式：将实验结果绘制在双对数坐标系中，则 p-t 关系为一直线，如图 3-19 所示。故饱和水蒸气压力和温度关系可近似整理成下列经验公式

$$t = 100\sqrt[4]{p} \tag{3-29}$$

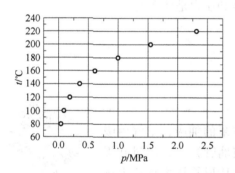

图 3-18　在直角坐标系中饱和水蒸气
压力和温度呈曲线关系

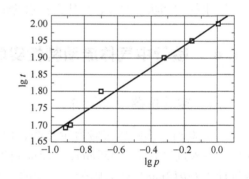

图 3-19　在双对数坐标系中饱和水蒸气
压力和温度呈直线关系

10）误差分析：通过比较可以发现，测量值比标准值低 1% 左右，引起误差的原因主要为读数不准确和测量仪表精度不够。

3. 注意事项

1）实验装置通电后必须有人看管。

2）压力表量程为 1.5MPa，实验中一般用压在 1.0MPa 范围内，切不可超压操作。

3）实验装置不使用时，密封容器内为"真空"状态。如发现压力表指零，则说明密封容器有泄漏处，应进行修理，修理后需加热，当水沸腾产生水蒸气从压力表接头处排出密封容器顶部的空气后，才可以使用，否则将影响实验的准确性。

4）实验过程中要小心使用水银温度计，不要被烫伤或碰坏温度计。

4. 实验报告

饱和水蒸气压力和温度关系的测定实验测量记录与实验报告参考格式如下。

（1）实验条件 主要包括：实验时间（年/月/日）、室内温度 t_a（℃）、大气压力 p_B（Pa 或 mmHg）等。

（2）实验记录 将实验数据填入表 3-8 饱和水蒸气压力和温度关系的测定实验数据表。

（3）绘制 p-t 关系曲线 主要包括：

1）直角坐标系实验曲线。

2）双对数坐标系实验曲线。

（4）分析与思考

思 考 题

1. 何谓蒸发和沸腾？它们有什么区别？

2. 弄清水蒸气的性质有什么意义？工程上经常用的其他工质的蒸气还有哪些？

3. 水的饱和状态的标志是什么？水的饱和温度和压力是什么关系？

3.6 喷管中气体流动特性实验

3.6.1 实验仪器设备简介

实验视频

图 3-20 所示为喷管实验台示意图，由于真空泵的抽吸，空气由吸气口 2 进入进气管 1（Φ55mm，厚 5mm 的有机玻璃管）中，经过孔板流量计 3（Φ12mm）进入喷管。流量的大小可由 U 形管压力计 4 上读出。喷管 5 用有机玻璃制成。有渐缩喷管与缩放（渐缩渐扩）喷管两种形式，如图 3-21 和图 3-22 所示。可根据实验要求，更换所需要的喷管。喷管各截面上的压力，可从可移动真空表 8 上读出。真空表 8 与内径为 Φ0.8mm 的测压探针 7 相连。探针的顶端封死，在其中段开有径向测压小孔。通过摇动手轮螺杆机构 9，可使探针 7 沿管轴线左右移动，从而改变测压孔的位置，进行喷管中不同截面上压力的测量。

测压孔的位置，可以由位于可移动真空表 8 下方的指针，在坐标板上所指出的 X 值来确定。喷管的排气管受背压 p_b 的作用。为了减少振动，泵与罐之间用软管接头 14 连接。

实验中需测量的 4 个变量包括：

1）测压探针 7 上测压孔的水平位置 x_0。

2）气流沿喷管轴线 x 截面上的压力 p_x。

3）背压 p_b。

4）流量 Q。

这 4 个变量可分别用位移指针的位置 x、可移动真空表 8 的读数 p_a、背压真空表 10 的读数 p_b 及 U 形管压力计 4 的读数 Δp 获得。

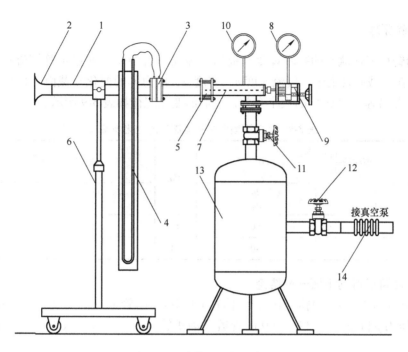

图 3-20　喷管实验台示意图

1—进气管　2—空气吸气口　3—孔板流量计　4—U 形管压力计　5—喷管　6—支架　7—测压探针
8—可移动真空表　9—手轮螺杆机构　10—背压真空表　11—罐后背压调节阀　12—罐前背压调节阀
13—真空罐　14—软管接头

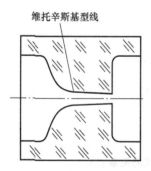

图 3-21　渐缩喷管实验段

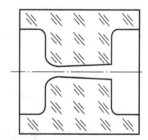

图 3-22　渐缩渐扩喷管实验段

3.6.2　实验课程内容

1. 实验目的

1）巩固和验证气流在喷管中流动的基本理论。

2）了解气流在喷管中流动的压力、流量的变化规律及测试方法。

3）加深对临界状态基本概念的理解。

2. 实验原理

（1）喷管中气体流动的基本规律 根据气体在喷管中做一元稳定等熵流动的特点，可以得到气体在变截面管道中，气流速度 v、密度 ρ、压力 p 的变化与截面 A 的变化及马赫数 Ma（速度 v 与音速 a 之比）的大小有关，它们的变化规律如表 3-9 所示。

表 3-9 变截面喷管中气体流动的变化规律表

Ma	渐缩管 $\dfrac{\mathrm{d}A}{\mathrm{d}x}$ x <0		Ma	渐扩管 $\dfrac{\mathrm{d}A}{\mathrm{d}x}$ x >0	
	$\dfrac{\mathrm{d}v}{\mathrm{d}x}$	$\dfrac{\mathrm{d}p}{\mathrm{d}x}$		$\dfrac{\mathrm{d}v}{\mathrm{d}x}$	$\dfrac{\mathrm{d}p}{\mathrm{d}x}$
<1	>0	<0	<1	<0	>0
>1	<0	>0	>1	>0	<0

（2）由此可以得到下面一些结论

1）在亚音速 $Ma<1$ 等熵流动中，气体在 $\mathrm{d}A/\mathrm{d}x<0$ 的管道（渐缩管）里，速度 v 增大，而密度 ρ、压力 p 降低；在 $\mathrm{d}A/\mathrm{d}x>0$ 的管道（渐扩管）里，速度 v 减小，而密度 ρ、压力 p 增大。

2）在超音速 $Ma>1$ 等熵流动中，情况正好与亚音速流动的特点相反，气体在渐缩管中速度 v 减小，而压力 p、密度 ρ 增大；在渐扩管中速度 v 增大，而密度 ρ、压力 p 降低。

3）因此要想获得超音速气流，就必须使亚音速气流先在渐缩管中加速；当气流被加速到 $Ma=1$，即达到临界状态时，就要改用渐扩管，以使气流继续加速到超音速，如图 3-23 所示。

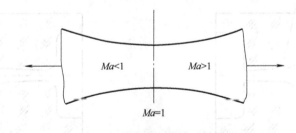

图 3-23 气流流速同喷管形状的关系

（3）喷管中流量的计算 空气吸气口 2（图 3-20）处的压力即初始压力 p_1 略低于大气压 p_0（由空盒气压计测得），p_1 计算公式为

$$p_1 = p_0 - 0.97\Delta p$$

标准孔板流量计的流量计算公式为

$$Q = 1.0134 K d_0^2 \sqrt{\Delta p} \tag{3-30}$$

式中，Q 是流量，单位为 $\mathrm{m^3/s}$；K 是流量系数，由图查得；d_0 是孔板孔口直径，单位为 m；Δp 是测点压差，单位为 Pa，$10\mathrm{Pa}=1\mathrm{mmH_2O}$。

上式中的流量系数 K 值是雷诺数 Re 的函数，可由图 3-24 查得。

因为 Re 是随流量 Q 而变的，所以在流量未知的情况下就无法确定 Re，在流量精度要求

不高时 K 值可取平均值 0.67，如精度要求较高时，可用平均 K 值 0.67，算出 Q 值，然后计算出流体流速，再算 Re，最后利用图 3-24 所示查取 K 值，反复几次则可求得接近的 K 值。

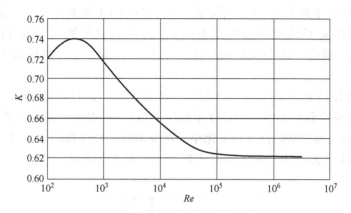

图 3-24　流量系数 K 值与雷诺数 Re 间的关系图

3. 实验步骤

1）用坐标校准器调好"位移坐标板"的基准位置，然后小心地装上实验所需的喷管，打开调压阀 11（注意：不要碰坏测压探针）。

2）检查真空泵的油位，打开冷却水阀门，用手轮螺杆机构 9 转动飞轮 1~2 圈，检查一切正常后，起动真空泵。

3）全开罐后背压调节阀 11，用罐前背压调节阀 12 调节背压 p_b 至一定值；摇动手轮使测压孔位置 x 自喷管进口缓慢向出口移动，每隔 5mm 一停，记下真空表 8 上的读数（真空度）；这样将测得对应于某一背压下的一条 p_x/p_1-x 曲线（p_1 为初始压力）。

4）再用罐前背压调节阀 12 逐次调节背压 p_b 为不同的背压值，在各个背压值下，重复上述摇动手轮的操作过程，而得到一组在不同背压下的压力曲线 p_x/p_1-x（如图 3-25、图 3-26 所示）。

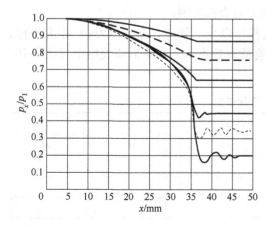

图 3-25　渐缩喷管压力曲线

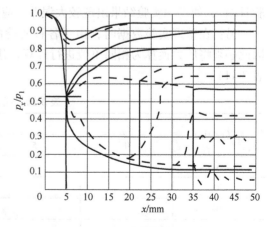

图 3-26　缩放喷管压力曲线

5）摇动手轮，使测压孔的位置 x 位于喷管出口外 30~40mm 处，此时真空表 8 上的读数即为背压 p_b。

6）全开罐后背压调节阀 11，用罐前背压调节阀 12 调节背压 p_b，使它由全关状态缓慢开启。随背压 p_b 的降低（真空度升高），流量 Q 逐渐增大，当背压降至某一定值（渐缩喷管为 p_c，缩放喷管为 p_f）时，流量达到最大值 Q_{max}，以后将不随 p_b 的降低而改变。

7）用罐前背压调节阀 12 重复上述过程，调节背压 p_b，每变化 50mmHg 一停，记下真空表 10 上的背压读数和 U 形管压力计 4 上的压差 Δp（mmH$_2$O）读数（低真空时流量变化大，可取 20mmHg；高真空时，流量变化小，可取 100mmHg 间隔），将读数换算成压力比，在坐标纸上绘出流量曲线 Q-p_b/p_1，如图 3-27 所示，并进行分析。

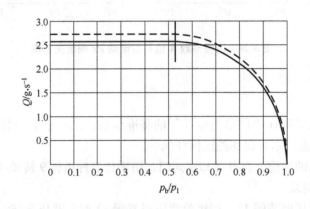

图 3-27 渐缩喷管流量曲线

8）在实验结束阶段真空泵停机前，打开罐前背压调节阀 12，关闭罐后背压调节阀 11，使罐内充气；当关闭真空泵后，立即打开罐后背压调节阀 11，使真空泵充气，以防止真空泵回油，最后关闭冷却水阀门。

9）数据记录与整理：实验中应认真做好原始数据记录（包括：室温 t、大气压 p_a 及实验日期），如发现实验结果出现较大误差，应仔细分析查找原因。

另：在整理实验数据时，由于各种实验曲线都是以压力比（p_x/p_1，p_b/p_1）作为坐标，因此必须将压力换算为相同单位进行计算，建议将所有数据填入如下形式表格中（表 3-10、表 3-11）。

表 3-10 压力 p_x 变化读数

$p_x/$(mmHg)	$x/$mm				
	0	5	10	...	60
0					
50					
100					
⋮					
700					

表 3-11　测流量的压力计读数

$p_b/(mmHg)$	0	50	100	...	700
$\Delta p/(mmH_2O)$					

思　考　题

1. 分析实验结果，写出实验的收获、体会及存在问题，对实验提出改进意见。

2. 当 p_b/p_1 等于多少时，流经渐缩喷管的流量最大？实测值和理论值有何差异？

3. 渐缩喷管出口截面压力（　　）低于临界压力，缩放喷管出口截面压力（　　）低于临界压力。

a）有可能　　　　　　　　　　b）不可能

4. 当背压低于临界压力时，渐缩喷管内气体（　　）充分膨胀，渐放喷管内气体（　　）充分膨胀。

a）有可能　　　　　　　　　　b）不可能

5. 当背压低于临界压力时，缩放喷管喉部压力（　　）充分膨胀。

a）一定　　　　　　　　　　　b）不一定

3.7　热泵和制冷循环过程实验

3.7.1　实验仪器设备简介

实验视频

制冷是使自然界的某物体或某空间达到低于周围环境温度，并使之维持这个温度。热泵是一种利用高质能使热量从低温热源流向高温热源的装置。它们的工作原理相同，都是按热机的逆循环工作的，所不同的是工作温度范围不同。制冷机从需要冷却的低温物体吸收热量，传递到环境中，实现制冷的目的；热泵装置从环境中吸取热量，传递给需加热的高温物体，实现供热的目的。

图 3-28 所示为热泵实验台系统图，本装置所演示的制冷、制热过程是采用液体汽化制冷中蒸气压缩式过程。它的工作原理是使制冷剂在压缩机、冷凝器、膨胀阀和蒸发器等热力设备中进行压缩、放热、节流膨胀和吸热四个主要热力过程，以完成循环。

图 3-29 所示为热泵实验台面板图，冷凝器和蒸发器在设备中称换热器 A、B。内有盘管，盘管内通自来水及加热器向换热器提供的冷却水或热水，使之适用不同的需要。实验过程中换热器内制冷剂不断增加，当达到一定液位时，可通过制冷和热泵四通换向阀的位置转换来达到使制冷剂回流的目的，面板说明如表 3-12 所示。

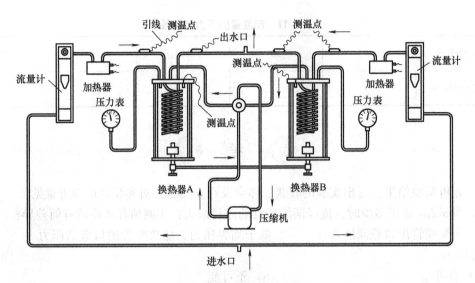

图 3-28　热泵实验台系统图

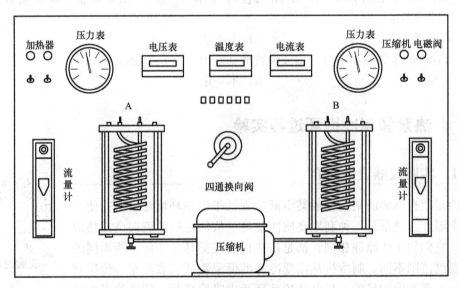

图 3-29　热泵实验台面板图

表 3-12　热泵实验台系统面板说明

项目	功能
压缩机按钮	起动或停止压缩机运行
换热器	为改善温度较低时蒸发效果不明显和热泵状态时提供热量的需要，本装置装有两个换热器 A、B
温度显示	显示各测点的温度
选择开关	用于选择测点的开关

（续）

项目	功能
流量计	调节换热器 A、B 循环水量
压力表	显示换热器 A、B 内的压力

3.7.2　实验课程内容

1. 实验目的

熟悉热泵和制冷循环的工作原理，观察制冷工质的蒸发和冷凝过程，进行热泵和制冷循环的热力测定及计算。

2. 实验原理

（1）热泵和制冷循环基本原理　热泵就是消耗一定的机械能使热量从低温热源流向高温热源的装置，它的工作原理与制冷机相同，都是按逆卡诺循环来工作的。只是各自的工作温度区域不一样，作用不一样。制冷机是从需要冷却的低温物体中吸取热量，传递到环境当中，实现制冷；热泵是从温度较低的环境中吸取热量，然后传递给温度较高的加热对象，实现供热。而能够同时制冷和供热的系统，则为充分利用了上述两种工作温度区域热量的联合循环系统。

（2）实验装置运行原理　图 3-30 所示为热泵和制冷循环装置原理。该实验装置由全封闭制冷压缩机、换热器 1、换热器 2、浮子式节流阀、四通换向阀等构成热泵和制冷循环系统；由转子流量计及换热器盘管等构成水系统；测量系统有压缩机输入电流、电压、吸排气压力、换热器进出水的流量、温度传感及显示；制冷工质采用 R11。如图 3-31 所示，当系统为热泵循环时，换热器 1 为冷凝器，换热器 2 为蒸发器；如图 3-32 所示，当系统为制冷循环时，换热器 1 为蒸发器，换热器 2 为冷凝器。制冷压缩机与制冷工质 R11 的运行原理见图 3-33，该图是从热泵和制冷循环装置的背面视角绘制的，从图 3-33 可以很好地理解制冷工质在制冷压缩机的作用下通过四通阀门开与闭的循环运行路线。

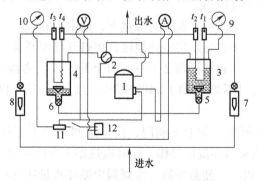

图 3-30　热泵和制冷循环装置原理图

1—制冷压缩机　2—四通换向阀　3—换热器 1　4—换热器 2　5—浮子式节流阀 1　6—浮子式节流阀 2　7—转子流量计 1　8—转子流量计 2　9—排气压力表　10—吸气压力表　11—压力继电器及控制电路　12—电源

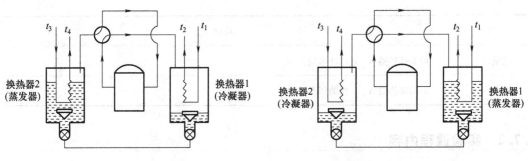

图 3-31　热泵循环流程图　　　　　　　图 3-32　制冷循环流程图

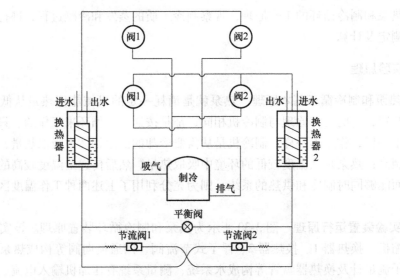

图 3-33　制冷工质通过压缩机在四通阀门约束下运行原理图

3. 实验方法与步骤

（1）实验前的准备工作

1）测量环境温度和大气压力。

2）先接通水路，打开水阀门，在一定流量下，通水 5min。

3）同时接通电源，数字表显示出室内温度，再打开照明开关。

4）调试四通换向阀，注意换热器 2 上下阀门全开时，换热器 1 上下阀门全关；或者二者相反调整，全开和全关时不要将阀门卡到极限值，以免损坏阀门和管路。

（2）热泵循环实验

1）先打开四通换向阀阀 2 的上下阀门，再关闭阀 1 的上下阀门（要严格按此步骤进行），按图 3-31 所示的热泵循环流程操作，此时换热器 1 为冷凝器，换热器 2 为蒸发器。

2）调节转子流量计阀门，使蒸发器、冷凝器中循环水量达到相同的某一刻度。

3）开启压缩机，观察制冷工质 R11 的蒸发和冷凝现象。

4）待系统稳定后，换热器 1 出现冷凝现象，换热器 2 出现蒸发现象时，按表 3-13 记录数据。

5）关闭压缩机，但水循环系统应该继续工作。

表 3-13 热泵循环实验记录表

测量次数	换热器1水流量/(L/h)	换热器2水流量/(L/h)	换热器1（冷凝器）		换热器2（蒸发器）		吸气压力/MPa	排气压力/MPa	压缩机输入功率	
			进水温度t_1/℃	出水温度t_2/℃	进水温度t_3/℃	出水温度t_4/℃			I/A	U/V
1										
2										
平均										

（3）制冷循环实验

1）先打开四通换向阀阀1的上下阀门，再关闭阀2的上下阀门（也要严格按此步骤进行），按图3-32所示的制冷循环流程操作，此时换热器1为蒸发器，换热器2为冷凝器。

2）调节转子流量计阀门，使蒸发器、冷凝器中循环水量达到相同的某一刻度。

3）开启压缩机，观察制冷工质R11的蒸发和冷凝现象。

4）待系统稳定后，换热器1出现蒸发现象，换热器2出现冷凝现象时，按表3-14记录数据。

5）记录完成后，先关闭压缩机，再关闭四通换向阀门（浮子式节流阀），待水循环5min后再关闭水阀门，并切断电源。

表 3-14 制冷循环实验记录表

测量次数	换热器1水流量/(L/h)	换热器2水流量/(L/h)	换热器1（蒸发器）		换热器2（冷凝器）		吸气压力/MPa	排气压力/MPa	压缩机输入功率	
			进水温度t_1/℃	出水温度t_2/℃	进水温度t_3/℃	出水温度t_4/℃			I/A	U/V
1										
2										
平均										

（4）热泵和制冷循环热力计算 当系统为热泵循环时，冷凝器（换热器1）的制热量（kW）

$$\Phi_1 = G_1 c_p (t_2 - t_1) + q_1 \tag{3-31}$$

蒸发器（换热器2）的换热量（kW）

$$\Phi_2 = G_2 c_p (t_4 - t_3) + q_2 \tag{3-32}$$

制热系数

$$\varepsilon_1 = \frac{\Phi_1}{P_s} \tag{3-33}$$

热平衡误差

$$\delta_1 = \frac{\Phi_1 - (\Phi_2 + P_s)}{\Phi_1 \times 100\%} \tag{3-34}$$

当系统为制冷循环时，蒸发器（换热器1）的制冷量（kW）

$$\Phi_3 = G_1 c_p (t_1 - t_2) + q_3 \tag{3-35}$$

冷凝器（换热器2）的换热量（kW）

$$\Phi_4 = G_2 c_p (t_4 - t_3) + q_4 \tag{3-36}$$

制冷系数

$$\varepsilon_2 = \frac{\Phi_3}{P_s} \tag{3-37}$$

热平衡误差

$$\delta_2 = \frac{\Phi_2 - (\Phi_4 + P_s)}{\Phi_3} \times 100\% \tag{3-38}$$

式中，G_1、G_2 是换热器1和换热器2的水质量流量（1L/h=0.000278kg/s），单位为 kg/s；c_p 是水的定压比热容，在常温下，取 $c_p = 4.189$kJ/(kg·℃)；q_1、q_2 是换热器1的热损失，单位为 kW；q_3、q_4 是换热器2的热损失，单位为 kW；$q_1 = a(t_a - t_c) \times 10^{-3}$；$q_2 = a(t_a - t_e) \times 10^{-3}$；$q_3 = b(t_a - t_e) \times 10^{-3}$；$q_4 = b(t_a - t_c) \times 10^{-3}$；其中 t_a 是环境温度，单位为℃；t_c、t_e 是工质在冷凝压力和蒸发压力下所对应的饱和温度，单位为℃；a、b 是实验测定出的换热器1和换热器2的损失系数，单位为 W/℃；P_s 是压缩机轴功率，单位为 kW，$P_s = 0.75UI/1000$。

为了简化计算，实验中可以忽略换热器上的热损失。

（5）R11 全封闭单级蒸气压缩机标准工况参数　图 3-34 所示为全封闭单级蒸气制冷循环在压焓图上的表示，其中：点 1 为饱和蒸气状态，点 2 为过热蒸气状态（压缩机吸气点），点 3 为过热蒸气状态（压缩机排气点），点 4 为饱和蒸气状态（冷凝点），点 5 为饱和液体状态，点 6 为过冷状态，点 7 为饱和液体状态；过程 1-2 为过热过程，过程 2-3 为压缩过程，过程 3-4 为冷却过程，过程 4-5 为冷凝过程，过程 5-6 为过冷过程，过程 6-7 为节流降压降温过程，过程 7-1 为吸热蒸发过程。

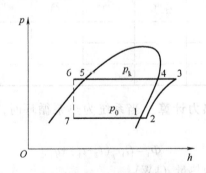

图 3-34　全封闭单级蒸气制冷循环在压焓图上的表示

表 3-15 为 R11 全封闭单级蒸气压缩机标准工况参数表。

表 3-15　R11 全封闭单级蒸气压缩机标准工况参数表

蒸发温度 t_0/℃	蒸发压力 p_0/MPa	吸气温度 t_r/℃	吸气压力 p_r/MPa	冷凝温度 t_k/℃	冷凝压力 p_k/MPa
-15	0.021	-10	0.021	30	0.149

（续）

过冷温度 $t_w/℃$	过冷压力 p_w/MPa	$h_2/(kJ/kg)$	$h_7/(kJ/kg)$	过热蒸气 v_2	
				L/kg	m^3/kg
25	0.149	685.22			0.7894

（6）注意事项

1）注意压缩机工作是否正常，认真观察吸气压力和排气压力的指示范围。

2）再次强调，在转换四通阀门时，一定要先打开某一侧上下阀门，然后再关闭另一侧上下阀门。

3）天气炎热时，要时刻保证循环水的畅通。

4）一般不必开换热器的水加热开关。

4. 实验报告

热泵和制冷循环过程实验测量记录与实验报告参考格式如下。

（1）实验条件　主要包括：实验时间（年/月/日）、环境温度 t_a（℃）、环境相对湿度 φ（%）、大气压力 p_B（Pa 或 mmHg）等。

（2）数据整理　实验数据整理参见表 3-16。

表 3-16　热泵和制冷循环过程实验数据整理表

循环过程	换热器1水流量/(kg/s)	换热器2水流量/(kg/s)	换热器1		换热器2		吸气压力/MPa	排气压力/MPa	压缩机输入功率	
			进水温度 t_1/℃	出水温度 t_2/℃	进水温度 t_3/℃	出水温度 t_4/℃			I/A	U/V
热泵循环										
制冷循环										

（3）热力计算过程与结果

（4）思考题回答与分析

思　考　题

1. 分析实验结果，指出影响各参数精度的因素。

2. 本实验运行参数的调节手段是什么？

3. R11 是高温制冷剂还是低温制冷剂？它的标准沸腾温度与 R22、R12 有什么区别？

4. 热泵装置中的四通换向阀与换热器综合传热装置中的顺、逆流转换开关在结构上有哪些异同？

3.8 空气调节模拟综合实验

3.8.1 实验仪器设备简介

实验视频

图 3-35 所示为空气调节模拟综合实验设备——空调机组总体结构示意图。空调机组由四部分组成，第一部分是空气的输送和导流，由风机、风管、调风阀门、空气混合器和整流孔板等组成；第二部分是空气预处理，由一次电加热器和水蒸气发生器等组成，用于处理进入喷水室前的空气，以保证在进入喷水室前空气的初始参数，这主要是对空气初始状态的加热和加湿；第三部分是喷水室部分，包括喷水喷嘴、表面冷却器、挡水板、二次电加热器以及附属的制冷装置等，是处理空气的主体部分，主要是对初始状态的空气加热、降温减湿、增湿之用，以使空气达到设定的状态；第四部分是检测各区域空气和水状态参数的仪器和仪表，它们包括 A、B、C、D、E 共 5 个区域的 5 对干湿球温度计，A、E 区域的流量孔板和倾斜式微压计，还有水流量计、压力表等，用这些仪器仪表可读出空气流量、温度、湿度、水流量、制冷剂的压力等参数。

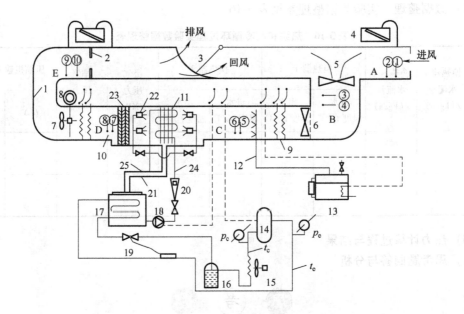

图 3-35 空调机组总体结构示意图

1—风管　2—孔板流量计　3—旁开式调风阀门　4—倾斜式微压计　5—空气混合器　6—整流孔板

7—风机　8—风量控制盘　9—电加热器　10—测温元件　11—表面冷却器　12—加湿器水蒸气管

13—水蒸气发生器　14—制冷压缩机　15—风冷冷凝器　16—立式贮液筒　17—水箱式蒸发器

18—冷冻水泵　19—节流阀　20—冷冻水流量计　21—回水管　22—淋水喷嘴　23—挡水板

24—淋水室进口冷冻水温　25—淋水室出口冷冻水温（t_c、t_e 分别为制冷机排气温度和吸气温度；

p_c、p_e 分别为排气压力和吸气压力）　①～⑩为空气干湿球温度计

3.8.2 空调机组的循环过程实验

1. 实验目的

1）熟悉空调机组各部分结构及工作原理。

2）掌握各种空气调节循环过程。

2. 实验前准备

1）将各区的湿球温度测点小容器内注满蒸馏水。

2）将 A 区和 E 区的斜管压力计注入酒精，调整到水平位置和零位。

3）检查制冷系统各阀门和管路，特别是吸气压力和排气压力，在开启前二者大小应该相等。

4）检查通风、加热、水路等其他系统。

5）制备冷水：

① 首先调整冷水系统，开启水路旁通阀，关闭其他水路阀门，开启冷水泵，使蒸发器水箱内冷水短距离循环。

② 然后开启制冷压缩机，同时密切观察蒸发器水箱的温度，其温度不得低于6℃，一般情况下，可设定水箱温度为6~7℃。

③ 当水温达到这个温度时，可以关闭压缩机。

3. 实验步骤

对本空调机组进行一定调整便可以模拟出空气调节的多种工作系统，预处理空气到多种状态。

（1）从工作系统方面

1）直流式空调系统（旁开式调风阀门全部打开）。

2）一次回风式空调系统（旁开式调风阀门部分打开）。

3）循环式（封闭式）空调系统（旁开式调风阀门全部关闭）。

（2）空气的预处理状态

1）高温高湿。

2）高温度。

3）高湿度。

（3）空气调节后的状态

1）人体舒适。

2）低温度。

3）低温高湿。

4）高温低湿。

举例：空气预处理为高温高湿初始状态，然后使这种状态的空气通过喷水室，用冷水喷淋的方法，将空气调节到低温高湿状态。

具体调节步骤如下：

1）部分打开旁开式调风阀门，为一次回风式系统，使 E 区的部分回风和 A 区的新风混合后到 B 区。

2）起动风机，打开一次电加热开关（B 区与 C 区之间的电加热器）和水蒸气开关，对实验用空气进行预处理，模拟出夏季空气高温高湿状态，可以控制 C 区的干球温度为 30～35℃，相对湿度为 80% 左右。

3）起动冷水系统。关小水路旁通阀，打开左右喷水阀，使喷嘴向 C 区空气喷淋冷水，便可以得到低温高湿状态。

4. 实验报告

空调机组的循环过程实验测量记录与实验报告参考格式如下：

（1）实验条件 主要包括：实验时间（年/月/日）、环境温度 t_a（℃）、环境相对湿度 φ（%）、大气压力 p_B（Pa 或 mmHg）等。

（2）数据整理 实验数据记录参见表 3-17。

（3）分析与思考

表 3-17 空调机组的循环过程实验数据记录表

特征	预处理状态温度/℃										特征	空气调节后状态温度/℃									
	A 区		B 区		C 区		D 区		E 区			A 区		B 区		C 区		D 区		E 区	
	干球	湿球	干球	湿球	干球	湿球	干球	湿球	干球	湿球		干球	湿球	干球	湿球	干球	湿球	干球	湿球	干球	湿球
高温高湿											人体舒适										
高温高湿											低温高湿										
高温度											人体舒适										
高温度											高温低湿										
高湿度											人体舒适										
高湿度											低温度										
高湿度											低温高湿										

思 考 题

1. 空调机组实验装置由哪几部分组成？哪个区域是预处理段？哪个区域是处理后的空间？

2. 实验装置上有哪几种调节系统和调节方法？实际的空气调节一般有哪些方法？

3. 实验装置的核心部件是什么？试述它的工作原理和作用。

4. 模拟高温和高湿状态要注意哪些问题？

3.8.3　喷水室热工性能测定实验

1. 实验目的

1）巩固干球、湿球温度及空气相对湿度的概念。

2）加深认识空气与水之间的热湿交换原理。

3）掌握喷水室热工性能测定的方法。

2. 实验原理与装置

本实验的实验装置为图 3-35 所示的空调机组，实验工作段主要在喷水室部分。空气与水直接接触的喷水室在空气调节工程中应用广泛，图 3-36 所示为一般喷水室的构造。

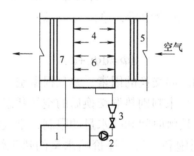

图 3-36　喷水室的构造

1—冷水箱　2—水泵　3—阀门和流量计　4—喷水喷嘴　5—进水挡板　6—喷水室　7—出水挡板

在喷水室里，冷水由水泵加压后经若干喷嘴喷出，呈细小的水滴飞溅出来。通入空气后，空气与之相遇，便与水滴表面发生热、湿交换。水温不同，水与空气交换能量的形式会有所不同，一般有显热交换、湿热交换（传质过程）、潜热交换。所谓显热交换是由于空气与水存在温差而引起的导热、对流和辐射换热；而湿热交换以及由它引起的潜热交换是由于空气与水在边界层与周围空气之间存在水蒸气分子浓度差而发生的质量交换，即温度差是产生热交换的推动力，而浓度差是产生质量交换的推动力。

空气与飞溅的水滴的湿热交换原理图如图 3-37 所示。

当空气与水在一个微小表面 $\mathrm{d}F$ 上接触时，显热交换热量为

$$\mathrm{d}\Phi_{\mathrm{x}} = \alpha(t - t_{\mathrm{b}})\mathrm{d}F \tag{3-39}$$

式中，$\mathrm{d}\Phi_{\mathrm{x}}$ 是单位时间内微小表面上显热交换热量，单位为 W；α 是空气与水表面的显热换热系数，单位为 $\mathrm{W/(m^2 \cdot ℃)}$；t 是周围空气温度，单位为 ℃；t_{b} 是边界层的空气温度即水温，单位为 ℃。

湿热交换和潜热交换同时发生的交换热量为

$$\mathrm{d}\Phi_{\mathrm{q}} = r\sigma(d - d_{\mathrm{b}})\mathrm{d}F \tag{3-40}$$

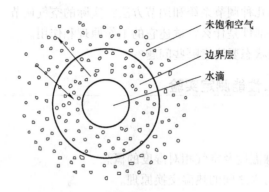

未饱和空气

边界层

水滴

图 3-37　空气与飞溅的水滴的湿热交换原理图

式中，$\mathrm{d}\Phi_q$ 是单位时间内微小表面上湿热交换和潜热交换同时发生的交换热量，单位为 W；r 是温度为 t_b 时的水汽化潜热，单位为 J/kg；σ 是空气与水表面间按含湿量差计算的湿交换系数，单位为 $\mathrm{kg/(m^2 \cdot s)}$；$d$ 是周围空气的含湿量，即单位质量干空气中水蒸气的质量，单位为 kg/kg；d_b 是边界层空气的含湿量，单位为 kg/kg。

则总热交换量为

$$\mathrm{d}\Phi = \mathrm{d}\Phi_x + \mathrm{d}\Phi_q \tag{3-41}$$

上式可以定性地说明影响热湿交换的因素，并且根据空气与水滴表面附近饱和空气边界层之间的温差与含湿量差的大小来判别热湿交换后的空气状态及变化。

喷水室的热湿交换程度受接触时间和喷水量的限制，空气状态和水温都在不断变化，所以空气的终了状态往往达不到饱和。为了评价喷水室的热工性能，一般用热交换效率系数 η_1 和接触系数 η_2 来表示。

η_1 也叫第一热交换效率或全热交换效率，是同时考虑空气和水的状态变化的；η_2 也叫第二热交换效率或通用热交换效率，是只考虑空气状态变化的。

$$\eta_1 = 1 - \frac{t_{2s} - t_{w2}}{t_{1s} - t_{w1}} \tag{3-42}$$

$$\eta_2 = 1 - \frac{t_2 - t_{2s}}{t_1 - t_{1s}} \tag{3-43}$$

式中，η_1 是喷水室热交换效率系数；η_2 是喷水室的接触系数；t_1、t_2 是被调节空气的初、终时间的干球温度，单位为℃；t_{1s}、t_{2s} 是被调节空气的初、终时间的湿球温度，单位为℃；t_{w1}、t_{w2} 是喷水的初、终时间的温度，单位为℃。

3. 实验前准备

参见 3.8.2 节的实验前准备。

4. 实验步骤

参见 3.8.2 节的实验步骤，并按表 3-18 记录参数，按表 3-19 每隔半分钟进行一次数据采集。

表 3-18　预处理的水和空气状态参数表

蒸发器水箱温度 t_{w1}/℃	预处理后的 C 区空气温度/℃	
	$t_c(t_1)$	$t_{os}(t_{1s})$

表 3-19　喷水工作测量原始记录表

序号	测量时间		D 区空气状态/℃		序号	测量时间		D 区空气状态/℃	
	min	s	$t_D(t_2)$	$t_{Ds}(t_{2s})$		min	s	$t_D(t_2)$	$t_{Ds}(t_{2s})$
蒸发器水箱温度 t_{w2}/℃				喷水量 G_w/ (kg/h 或 L/h)				（备注）	
A 区斜管压力计 ΔL_1/mm				E 区斜管压力计 ΔL_2/mm					

5. 实验报告

喷水室热工性能测定实验测量记录与实验报告参考格式如下。

（1）实验条件　主要包括：实验时间（年/月/日）、环境温度 t_a（℃）、环境相对湿度 φ（%）、大气压力 p_B（Pa 或 mmHg）等。

（2）数据整理　按实验过程主要参数记录、整理出如表 3-20 所示的数据列表。

表 3-20　喷水室热工性能测定实验数据记录表

序号	测量时间		D 区空气温度/℃		序号	测量时间		D 区空气温度/℃	
	min	s	$t_D(t_2)$	$t_{Ds}(t_{2s})$		min	s	$t_D(t_2)$	$t_{Ds}(t_{2s})$
1					7				
2					8				
3					9				
4					10				
5					11				
6					12				
蒸发器水箱温度 t_{w2}/℃				喷水量 G_w/ (L/h 或 kg/s)				（备注）	
A 区斜管压力计 ΔL_1/mm				E 区斜管压力计 ΔL_2/mm					

注：水流量单位换算 L/h = 0.000278kg/s。

（3）计算喷水室热交换效率系数 η_1 和接触系数 η_2，确定 **D** 区域的空气相对湿度 φ

（4）分析与思考

思   考   题

1. 影响热湿交换的因素有哪些？怎样来判断热湿交换后的空气状态？
2. 为什么要使用斜管压力计？

3.8.4　水蓄冷空气调节

1. 实验目的

1）利用蒸发器的工作原理，进行水蓄冷储能和释放实验。
2）加深对空调蓄冷技术和使用过程的了解。

2. 实验原理与装置

空调蓄冷系统是在空调负荷很低或没有负荷时，利用制冷系统将空气系统所需的冷量全部或者部分存储于水或冰等介质中，需要时再将存储的冷量释放出来。

本实验是利用图 3-35 所示的循环式空调机组内的水箱式蒸发器内制冷工质蒸发吸热带走水的热量，使一定体积水的温度降低而实现蓄冷的。空调机组的制冷系统和冷水系统结构如图 3-38 所示，一般冷水温度宜为 6~10℃。

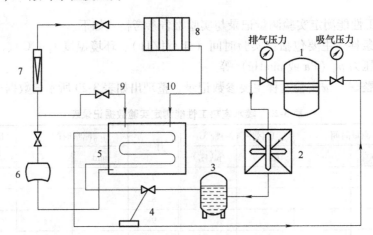

图 3-38　制冷系统及冷水系统示意图

1—制冷压缩机　2—风冷式冷凝器　3—立式贮液筒　4—膨胀阀　5—水箱式蒸发器
6—冷水泵　7—浮子流量计　8—表面冷却器　9—水路旁通阀　10—回水管路

当冷水通过表面冷却器 8 循环后，图 3-35 所示 E 区的空气温度会得到调节，而图 3-38 中水箱式蒸发器 5 的温度会有所升高。在理想条件下，冷水温度升高所吸收的热量应等于空气温度降低所放出的热量。为避免引入空调机组风道向外散热损失很难计量这个问题，此处不采用空气和水的热平衡法，而是从冷水吸热的热平衡角度来加以探讨。

在一个试验周期内，冷水所吸收的热量（kJ）为：

$$Q = Gc_p \Delta t \Delta \tau \tag{3-44}$$

式中，G 是冷水通过表面冷却器的流量，单位为 kg/h；c_p 是冷水的定压比热容，单位为 kJ/(kg·℃)；Δt 是冷水温度的变化（终了水温-初始水温），单位为℃；$\Delta \tau$ 是试验一周期所用的时间（终了时间-初始时间），单位为 h。

3. 实验前准备

参见 3.8.2 节的实验前准备。

4. 实验步骤

完成实验前准备后，按以下步骤进行实验：

1）采用封闭式循环空调系统（旁开式调风阀门全部关闭），打开风机旋盘到 90~110 刻度的某一值，使空气按图 3-35 所示的 D→E→B→C→D 区封闭循环，这时可开启电加热器开关（1）和（3），分别调节电流为 1A 左右，同时观察 E 区的温度变化，E 区的温度 t_E 可设定在 30℃、35℃、40℃的某一个值附近，以干球温度为准。

2）先测量水箱温度及加热后的空气状态参数，按表 3-21 记录数据。

表 3-21　蒸发器水箱和加热后的空气状态参数表

蒸发器水箱温度/℃	加热后的 E 区空气温度/℃	
	干球 t_E（热）	湿球 t_{Es}（热）

3）打开表面冷却器管路阀门（全部打开），关小水路旁通阀，使蒸发器水箱的冷水通过表面冷却器循环流动，这就是将储蓄的冷水能量进行释放，待运行一段时间系统稳定后，再按表 3-22 记录数据。

表 3-22　表面冷却器工作后的各相关状态参数

测量时间（min/s）	蒸发器水箱的温度/℃	冷水流量/（L/h 或 kg/h）	E 区温度/℃		表面冷却器进出水温度/℃	
			干球 t_E（冷）	湿球 t_{Es}（冷）	进水	出水

4）水的定压比热容参数和有关参数修正分别见表 3-23 及图 3-39、图 3-40。

表 3-23　水的定压比热容（在 1 个标准大气压力下）

温度/℃	定压比热容/ [kJ/(kg·℃)]	温度/℃	定压比热容/ [kJ/(kg·℃)]	温度/℃	定压比热容/ [kJ/(kg·℃)]
0	4. 2178	7	4. 1983	14	4. 1872
1	4. 2147	8	4. 1962	15	4. 1859
2	4. 2116	9	4. 1942	16	4. 1851
3	4. 2085	10	4. 1922	17	4. 1843
4	4. 2054	11	4. 1909	18	4. 1834
5	4. 2023	12	4. 1897	19	4. 1820
6	4. 2000	13	4. 1884	20	4. 1818

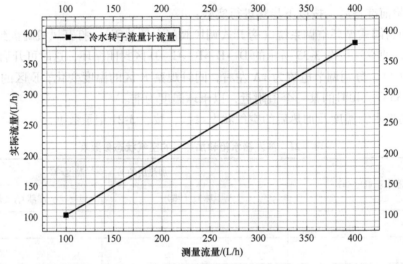

图 3-39　冷水测定参数修正曲线

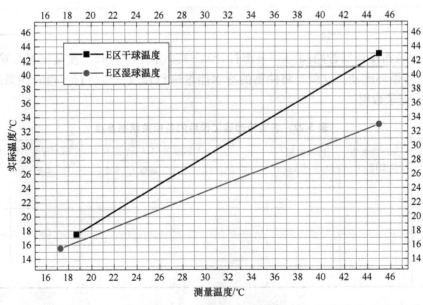

图 3-40　E 区温度修正曲线

5. 实验报告

水蓄冷空气调节实验测量记录与实验报告参考格式如下。

（1）实验条件 主要包括：实验时间（年/月/日）、环境温度 t_a（℃）、环境相对湿度 φ（%）、大气压力 p_B（Pa 或 mmHg）等。

（2）数据处理 计算处理后将实验数据列入表 3-24 中。

表 3-24 水蓄冷空气调节实验数据记录表

蒸发器水箱尺寸	长/mm		水箱容水量/m³		ΔL_2/mm		喷水室内空气流量/(m³/h)
	宽/mm						
	高/mm						
蒸发器水箱温度/℃	冷水流量/(L/h 或 kg/h)		E 区温度/℃		表面冷却器进出水温度/℃		
			干球 t_E（冷）	湿球 t_{Es}（冷）	进水		出水
一个试验周期内冷水所吸收的热量 Q/kJ							

（3）分析与思考

1. 结合课堂学习和平时的知识积累，谈一谈水蓄冷调节的特点和应用。
2. 从水蓄冷工作原理出发，放眼到其他领域，试述其他积蓄和传输能量的方法。

第 **4** 章 传热学实验

传热学是研究由温差引起的热能传递规律的科学，热能的传递包括热传导、热对流与热辐射三种基本方式。传热学实验是该课程讲授最重要的环节之一，因为所有热传递过程基本规律的揭示首先要通过实验测定来完成，诸如导热系数（热导率）、对流系数等参数主要靠实验测定来获取。因此在学习传热学课程时对涉及的实验技能都应充分重视，特别是要掌握温度与热量的测量方法等。

本书的传热学实验包括八个实验部分，分为基础型、综合型和创新型三个层次。通过实验对课程理论知识和原理的验证，有助于学生对基本概念的理解，提高运用能力。其中，创新型实验的开设有别于传统实验教学方法，它在激发学生学习兴趣的同时为学生提供了一个既切合实际又具有一定科研难度的实践平台，使学生真正融入科研实践学习中。

4.1 多层圆筒壁导热系数测定实验

4.1.1 实验仪器设备简介

实验视频

多层圆筒壁导热系数测定实验装置包括多层圆筒壁、两个 K 型热电偶、三个线性热电偶、DM6902 型温度数显仪、单向接触调压器、烟筒管、翅片单头单端加热管（220V、400W）等。其中多层圆筒壁分为三层，自内而外依次是烟筒管、水泥管（高铝水泥和粒径为 3~6mm 的火山石按照 1∶1.5 均匀混合而成）、保温棉（硅酸铝陶瓷纤维纸）。多层圆筒壁导热系数测定实验装置如图 4-1 所示，翅片单头单端加热管如图 4-2 所示。

图 4-1 多层圆筒壁导热系数测定实验装置

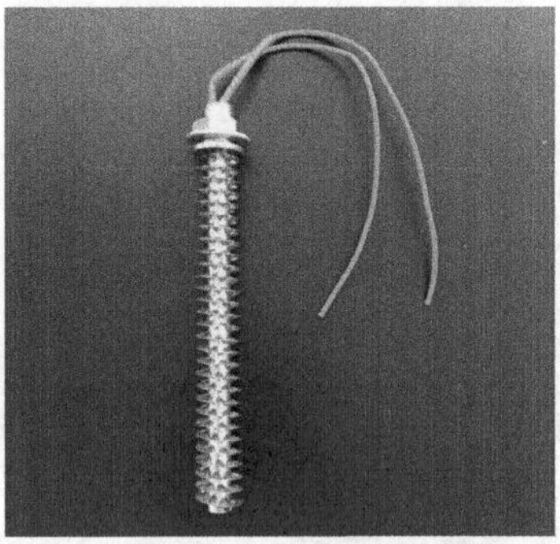

图 4-2 翅片单头单端加热管

4.1.2 实验课程内容

1. 实验目的

1）通过本实验学会测定温度等仪器的正确使用方法。
2）通过测量多层圆筒壁的温度分布，确定导热系数与温度的函数分布关系。
3）通过观察多层圆筒壁的传热过程，分析热流密度和热阻之间的关系。

2. 实验内容

如图 4-3 所示，用热电偶测出炉膛中心的温度和各层导热壁面的温度 t_0、t_1、t_2、t_3、t_4，绘制沿壁面半径方向的温度分布曲线，得出多层圆筒壁沿半径方向上温度分布的规律。

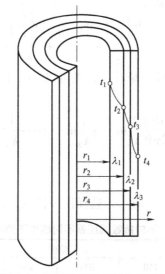

图 4-3 多层圆筒壁导热物理模型

3. 实验原理

根据导热微分方程式

$$\frac{\mathrm{d}}{\mathrm{d}r}\left(r\frac{\mathrm{d}t}{\mathrm{d}r}\right)=0 \tag{4-1}$$

若已知内壁半径为 r_1，温度为 t_1；外壁半径为 r_2，温度为 t_2，则与式（4-1）相对应的边界条件为 $r=r_1$，$t=t_1$；$r=r_2$，$t=t_2$，得温度分布为

$$t=t_1+\frac{t_2-t_1}{\ln\dfrac{r_2}{r_1}}\ln\frac{r}{r_1} \tag{4-2}$$

对式（4-2）求导后代入傅里叶定律，得

$$q=-\lambda\frac{\mathrm{d}t}{\mathrm{d}r}=\frac{\lambda}{r}\frac{t_1-t_2}{\ln\dfrac{r_2}{r_1}} \tag{4-3}$$

通过整个圆筒壁的热流量 Φ 为

$$\Phi = 2\pi r l q = \frac{2\pi\lambda l(t_1 - t_2)}{\ln\dfrac{r_2}{r_1}} \tag{4-4}$$

通过整个圆筒壁的导热热阻为

$$R = \frac{\Delta t}{\Phi} = \frac{\ln\left(\dfrac{r_2}{r_1}\right)}{2\pi\lambda l} \tag{4-5}$$

与分析多层壁面一样，运用串联热阻叠加原则，可得通过图 4-3 所示的多层圆筒壁的导热热流量为（假设层间接触良好）

$$\Phi = \frac{2\pi l(t_1 - t_4)}{\dfrac{\ln\left(\dfrac{r_2}{r_1}\right)}{\lambda_1} + \dfrac{\ln\left(\dfrac{r_3}{r_2}\right)}{\lambda_2} + \dfrac{\ln\left(\dfrac{r_4}{r_3}\right)}{\lambda_3}} \tag{4-6}$$

层壁间的温度可以通过热电偶测量获得，也可以在得知内外壁温的条件下利用理论公式计算获得，对于第 n 层圆筒壁有

$$t_n = t_1 - \frac{\Phi}{2\pi l}\left(\frac{1}{\lambda_1}\ln\frac{r_2}{r_1} + \frac{1}{\lambda_2}\ln\frac{r_3}{r_2} + \cdots + \frac{1}{\lambda_n}\ln\frac{r_n}{r_{n-1}}\right) \tag{4-7}$$

4. 实验步骤

1）开始实验前 2h，按照表 4-1 所示，选择任一档位进行加热。

表 4-1　单向接触调压器不同档位下的电压值

参数	数值							
功率/W	50	100	150	200	250	300	350	400
电压/V	77.8	110	134.7	155.6	173.9	190.5	207.5	220

2）测量时，开启热电偶温度显示开关，待温度数值稳定后将其记录到表 4-2 中。

表 4-2　测试记录与数据处理

次数	炉膛中心温度 t_0	炉膛内壁温度 t_1	水泥管内壁温度 t_2	保温棉内壁温度 t_3	铁圈内壁温度 t_4
1					
2					
3					
平均值					

3）重复步骤 2），共记录 3 次数据。

4）实验结束后，关闭热电偶温度显示仪开关和电源。

5. 注意事项

1）本实验全程为带电操作，注意安全。

2）热电偶测量温度过程中，使其放在指定的位置，禁止随意变动。

3）单向接触调压器工作时，接线处均带电，不得触摸。

4）测温时，热电偶读数可能会发生跳跃，要选取跳跃中间值读数。

5）实验装置中的线路要严格按照说明书接线。

6. 实验数据处理与分析

1）将实验结果填入表 4-2 中，并算出每个测温点的平均值。

2）在坐标纸上绘制沿壁面厚度方向的半径 r 与温度 t 的关系曲线。

3）求出圆筒壁的导热热流量 Φ 和三层圆筒壁的热流密度 q_1、q_2、q_3。

4）求出保温棉的导热系数 λ_3。

7. 已知参数

多层圆筒壁的下列参数已知：水泥管表面的对流换热系数 $h = 5.2383\mathrm{W/(m^2 \cdot K)}$；烟囱管的导热系数 $\lambda_1 = 0.1962\mathrm{W/(m \cdot K)}$；水泥管的导热系数 $\lambda_2 = 0.2423\mathrm{W/(m \cdot K)}$；圆形导热体的直径 $d_1 = 116\mathrm{mm}$；烟囱管的厚度 $\delta_1 = 22\mathrm{mm}$；水泥管的厚度 $\delta_2 = 16\mathrm{mm}$；保温棉的厚度 $\delta_3 = 4\mathrm{mm}$；铁皮的厚度 $\delta_4 = 0.5\mathrm{mm}$；圆形导热体的高度 $L = 215\mathrm{mm}$；圆形导热体的内径 $r_1 = 58\mathrm{mm}$；水泥管的内径 $r_2 = 80\mathrm{mm}$；保温棉的内径 $r_3 = 96\mathrm{mm}$；铁皮圈的内径 $r_4 = 100\mathrm{mm}$；铁皮圈的外径 $r_5 = 100.5\mathrm{mm}$。

4.2　准稳态导热系数测定实验

4.2.1　实验仪器设备简介

实验视频

图 4-4 所示为准稳态平面热源法实验装置示意图，其中 NO.2、NO.3、NO.4 和 NO.5 平板材料的规格为 $200\mathrm{mm} \times 200\mathrm{mm} \times \delta(\mathrm{mm})$。在 NO.2 和 NO.3 平板之间（上）、NO.4 和 NO.5 平板之间（下）各安装一组康铜箔加热丝（其阻值分别标注在测试装置的上下层平板上），通过直流恒定电源供电，对 NO.3 和 NO.4 平板上下两面构成恒定加热热流。实际上作为被测的平板厚度为 2δ。为了保证平板上温度分布的对称性，两个串联的康铜箔丝电阻值应该相等。箔厚度仅 $20\mu\mathrm{m}$，加上保护箔的绝缘膜，厚度总共为 $70\mu\mathrm{m}$。NO.2 和 NO.5 是作为均匀热保护的上下平板，而 NO.1 和 NO.6 是由同种材料制成的平板，其厚度为 $57\sim60\mathrm{mm}$，它们不仅起到保温作用，还会起到压紧被测平板的作用。上下最外层分别布置了 $48\sim50\mathrm{mm}$ 厚的聚乙烯硬质泡沫块，将进一步起到绝热作用。整个被测平板和辅助平板以及加热部分，用有机玻璃箱罩压紧保护起来，以减少环境热量与接触热阻的影响。

加热平板材料的电功率通过直流稳压电源的电流 I 与电压 U 测取值计算获得。如果平板上下表面两个康铜箔加热丝的阻值相同，则某边界面上常热流密度 q 为

$$q = \frac{IU}{2A} \tag{4-8}$$

理论上要求上下平板的热流密度相等，即加热电阻必须相同，但实际上会有一点差别。如果平板材料上下表面两个康铜箔加热丝的阻值有差别，设上下表面的阻值分别为 R_1、R_2，

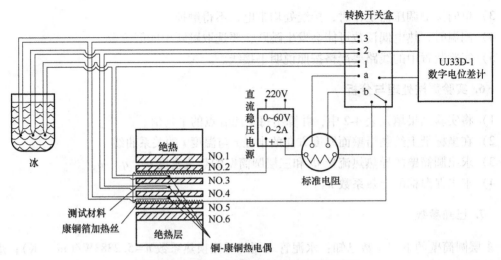

图 4-4　准稳态平面热源法实验装置示意图

上下边界面上常热流密度分别为

$$q_1 = \frac{U^2}{R_1 A} \tag{4-9a}$$

$$q_2 = \frac{U^2}{R_2 A} \tag{4-9b}$$

则边界面上平均热流密度为

$$q = \frac{U^2}{2A}\left(\frac{1}{R_1} + \frac{1}{R_2}\right) \tag{4-10}$$

在被测平板的上、下表面与平板中心各采用 1 支铜-康铜热电偶为感温元件，热电偶直径为 0.1mm，热电偶的冷端放置在盛有冰水混合物的保温瓶中，作为冷端零点补偿。热电偶感温热电动势绝对毫伏的大小通过 UJ33D-1 型数字电位差计读取，铜-康铜热电偶热电动势与温度的对应关系如表 4-3 所示。

表 4-3　铜-康铜热电偶温度-毫伏值对照表　　　　（单位：mV）

工作端温度（十、百位）/℃	工作端温度（个位）/℃									
	0	1	2	3	4	5	6	7	8	9
0	0.000	0.039	0.078	0.110	0.155	0.194	0.234	0.273	0.312	0.325
10	0.391	0.431	0.471	0.510	0.550	0.590	0.630	0.671	0.711	0.751
20	0.792	0.832	0.872	0.914	0.945	0.995	1.036	1.077	1.118	1.159
30	1.201	1.242	1.283	1.325	1.367	1.408	1.450	1.492	1.534	1.576
40	1.618	1.661	1.702	1.745	1.788	1.830	1.873	1.916	1.958	2.001
50	2.044	2.084	2.125	2.174	2.217	2.260	2.304	2.347	2.391	2.435
60	2.478	2.522	2.566	2.810	2.654	2.698	2.743	2.787	2.831	2.867
70	2.920	2.965	3.007	3.054	3.099	3.144	3.189	3.234	3.279	3.325
80	3.370	3.415	3.460	3.506	3.552	3.597	3.643	3.689	3.735	3.781

（续）

工作端温度	工作端温度（个位）/℃									
（十、百位）/℃	0	1	2	3	4	5	6	7	8	9
90	3.827	3.873	3.915	3.965	4.012	4.058	4.105	4.151	4.198	4.224
100	4.281	4.338	4.381	4.432	4.479	4.526	4.573	4.621	4.668	4.715
110	4.763	4.810	4.853	4.906	4.953	5.007	5.049	5.099	5.146	5.193
120	5.241	5.289	5.337	5.386	5.434	5.483	5.531	5.580	5.629	5.677
130	5.726	5.775	5.825	5.873	5.922	5.971	6.020	6.070	6.119	6.168
140	6.218	6.267	6.318	6.367	6.416	6.466	6.502	6.552	6.602	6.652
150	6.716	6.766	6.816	6.867	6.917	6.957	7.018	7.066	7.116	7.169

注：如测量温度为 12℃，则对应电动势为 10℃ 与 2℃ 的交点处值，即 0.471mV。

本实验中的准稳态平面热源法实验装置的康铜箔加热丝呈上下串联布置，上下加热丝的电阻略有差别，故被测平板材料边界上的热流密度按照式（4-9）或式（4-10）计算。辅助设备如图 4-5 所示。其中，直流稳压电源为 WYJ-2A/60V 双路输出型，输入电压为 AC220（1±10%）V，50~60Hz，输出电压 DC0~60V，输出电流 0~2A，连续可调。UJ33D-1 型数字电位差计面板如图 4-6 所示，中间左侧较大的旋钮是功能开关，右侧较大的旋钮是量程转换开关。在环境温度（20±2）℃、环境相对湿度 45%~75% 的条件下，主要技术性能参数如表 4-4 所示，其中 V_x 为电位差计测量值。

图 4-5　准稳态平面热源法实验装置的辅助设备

表 4-4　UJ33D-1 型数字电位差计技术参数

量程/mV	测量与输出范围/mV	基本误差	分辨率/μV	额定负载/mA
0~2000	0~1999.9	±（0.04%V_x+200μV）	100	2
0~200	0~199.99	±（0.04%V_x+20μV）	10	2
0~20	0~19.999	±（0.04%V_x+2μV）	1	2
0~50	0~49.999	±（0.04%V_x+5μV）	3	2

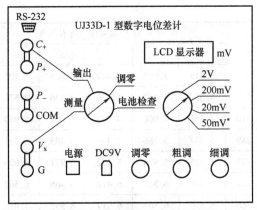

图 4-6　UJ33D-1 型数字电位差计面板

UJ33D-1 型数字电位差计输出方式和测量方式的连接如图 4-7 和图 4-8 所示。该电位差计在使用时由于环境共模干扰会引起数字显示不稳定，这时应将输入、输出低端（COM）同仪器保护端（G）相连接，如图 4-9 所示。UJ33D-1 型数字电位差计调零时，先将量程开关根据需要选择好，如调整到 20mV 或 50mV 档，再调到调零档，进而调节调零旋钮使电位差计数字显示为零。

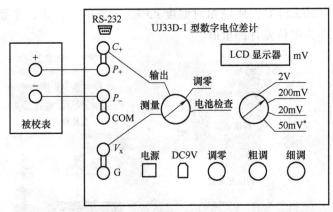

图 4-7　UJ33D-1 型数字电位差计输出方式的连接图

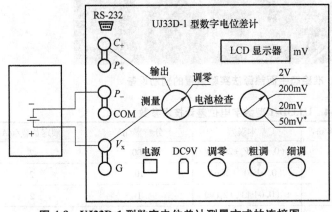

图 4-8　UJ33D-1 型数字电位差计测量方式的连接图

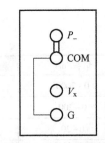

图 4-9　保护端连接

UJ33D-1 型数字电位差计本身采用 9V 直流电压供电（6 节 1 号电池）。关于电池容量的检查方法是，将功能开关旋至电池检查档，量程转换开关旋至 2V 档，当显示读数低于 1.3V 时应考虑更换电池。当然也可以采用外接 9V 直流电源供电。转换开关盒上的 1、2、3 按钮，分别对应平板上表面、中心和下表面 3 支热电偶。通过转换开关盒上的电位差计端子，引线接入 UJ33D-1 型数字电位差计，显示出热电动势 mV 值。

实验装置测试范围及性能如下：

1）可以测试颗粒尺寸在 20mm 以下的干燥和潮湿的块状和粉状的建筑材料及保温材料。

2）测定试件温度范围 -30 ~ +150℃，导热系数范围 0.025 ~ 3W/（m·℃），定压比热容范围 30 ~ 3000kJ/（kg·℃）。

3）被测试材料含湿率 ≤50%。

4）测试精度：导热系数 λ 为 ≤5%；热扩散系数（导温系数）α 为 ≤9%；定压比热容 c_p 为 ≤7%。

4.2.2　实验课程内容

1. 实验目的

1）了解实验装置的设计构造。

2）明确无限大平板和第二类边界条件的定义。

3）在一维非稳态传热的基础上深入理解准稳态的概念。

4）掌握用准稳态平面热源法测量材料的导热系数、比热容和热扩散系数的原理和技术。

2. 实验原理

近年来随着测试新技术的发展，用非稳态法测试材料的热物性参数获得了快速发展。非稳态法的最大优点有两个，一是测试周期短，试件所维持的温差小，干湿材料都可以测定；二是能够同时测试出导热系数、热扩散系数和比热容，这是稳态法所不及的。只是非稳态法对测试装置及控制精度要求较高。非稳态法主要分为两大类，即周期热流法和瞬态热流法。介于二者之间，常用的有准稳态平面热源法、常功率平面热源法和热脉冲平面热源法。

所谓准稳态平面热源法，兼有稳态和非稳态法两者的特点。就是给定被测物体平面一个恒定的热流密度 q，经过一段加热时间，一般在满足 Fo>0.5 以后，物体内各点的温度随时间呈线性变化，温度的变化速率与表面恒定热流密度有关，利用这一非稳态特性，来测量物体的导热系数等热物性参数的方法。

根据第二类边界条件（常热流边界条件）和无限大平板导热的原理，建立一物理模型，如图 4-10 所示。

被测平板的厚度为 2δ，初始温度为 t_0，平板两面接受恒定的热流密度 q，于是在一维、常物性、无内热源、准稳态、无限大平板和第二类边界条件下，导热过程的导热系数为

$$\lambda = \frac{q\delta}{2\Delta t} \tag{4-11}$$

式中，λ 是导热系数，单位为 W/（m·℃）；q 是边界面上常热流密度，单位为 W/m²；δ 是

无限大平板的半厚，单位为m；Δt 是无限大平板边界面与板厚度中心平面的温度差，单位为℃。

当测出 q、δ、Δt，便可以通过式（4-11）计算出 λ。同时，根据热平衡原理，在准稳态的情况下，平板材料上的热源传递热量等于平板材料的体积热增量，即

$$qA = \delta A \rho c_p \frac{\mathrm{d}t}{\mathrm{d}\tau} \qquad (4\text{-}12)$$

由此可得平板材料的定压比热容为

$$c_p = \frac{q}{\rho \delta \dfrac{\mathrm{d}t}{\mathrm{d}\tau}} \qquad (4\text{-}13)$$

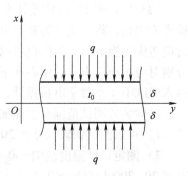

图 4-10　无限大平板在第二类边界条件下的导热物理模型

进一步可得到其热扩散系数为

$$a = \frac{\lambda}{c_p \rho} \qquad (4\text{-}14)$$

式中，a 是平板材料的热扩散系数，单位为 m^2/s；$\mathrm{d}t/\mathrm{d}\tau$ 是加热速率，单位为℃/s；A 是面积，该面积既是平板热源的又是平板材料的，二者相同，单位为 m^2；ρ 是平板材料的密度，单位为 kg/m^3。

3. 实验步骤

1）将冰瓶装上冰水混合物，使热电偶冷端完全浸入冰水中，扣严瓶盖。

2）被测平板材料为有机玻璃，被测有机玻璃平板试件和辅助有机玻璃平板的平面尺寸均为 200mm×200mm，其中被测有机玻璃平板试件 NO.3 和 NO.4 厚度均为 $\delta = 12$mm，辅助有机玻璃平板 NO.2 和 NO.5 厚度也均为 $\delta = 12$mm。将其按照图 4-4 所示放入实验装置中，这一步由实验老师事先放好。

3）按图 4-5、图 4-8、图 4-9 所示将所有线路接好，并检查各仪表是否正常，将待测平板材料和测温热电偶放置妥当。

4）将 UJ33D-1 型数字电位差计调整指示为零，并根据测试材料的测温范围，可选择量程开关为 20mV 的档位。在接通加热开关以前，先要用电位差计测量记录初始时半板表面与中心面的热电势 mV 值。观察平板上下加热面和中心面热电偶的电势差是否一样，如果相差在 4μV 以内时，实验即可进行；如果相差很大，如 20μV 左右，则需要修正。修正的方法可以采取以中心热电势 mV 值为基准，去校核上下表面的热电势 mV 值。

5）先接通 220V 电源，再按下直流稳压电源开关，一般给出直流电压为 20~40V 即可。注意此时无电流显示，因为转换开关盒上的辅电源开关尚未接通。一旦接通辅电源开关，意味着加热开始，马上开启秒表，记录加热起始时间。

6）每隔 2~3min，切换 1~3 按钮，测量平板上下表面和中心处热电偶的热电动势 mV 值并记录。

7）按所测材料导热性大小，调整加热器两端的电压，要求在准稳定阶段加热的平板表面与中心面的温度差保持 5~6℃。当加热 10~30min 以后，稳压电源工作趋向稳定，即可达到准稳态阶段。

8）每台设备的康铜箔加热丝阻值并不相同（90~100Ω），而且上下平板层的加热丝阻

值也略有差别。处理实验数据时，可取一定时间内上表面与中心面的温度变化率或者下表面与中心面的温度变化率，即可求出 $\Delta t/\Delta \tau$。

9）尽量减小实验室内的气温波动，以免温度波动影响测量结果。

10）实验结束时，关掉设备上所有电源，将电位差计里的 1 号电池取出。

补充说明：有机玻璃的密度为 $1180kg/m^3$。

4. 测试结果记录与数据处理

（1）原始参数与测量参数记录　测试记录与数据处理参见表 4-5。

（2）数据处理及误差分析

1）通过每个康铜箔加热器电流 I。

2）通过每个康铜箔加热器热流密度 q。

3）边界面与中心平面温度差 Δt。

4）材料的导热系数 λ、定压比热容 c_p、热扩散系数 a。

表 4-5　测试记录与数据处理表

平板材料	时间/min	铜-康铜热电偶的热电动势/mV		
		上加热面	中心平面	下加热面
名称： 长度/mm： 宽度/mm： 厚度/mm：	0			
	2			
	4			
	6			
直流电源 名称：	8			
	10			
	12			
	14			
电流/A： 电压/V：	16			
	18			
加热器 上表面电阻 R_1/Ω：	20			
	22			
	24			
下表面电阻 R_2/Ω：	26			
	28			
	30			

思　考　题

1. 准稳态与非稳态的区别何在？

2. 严格地说，本实验是否是一维导热？为什么？

3. 若实验中去掉上、下绝热体，对实验结果有何影响？

4.3　二维墙角导热水电模拟实验

4.3.1　实验仪器设备简介

实验视频

　　实验设备有低频信号发生器 1 台、手调旋钮电阻箱 2 台、高精度数字万用表 2 块、自制银探针一根、自制二维水电模拟槽 1 个，另有辅助材料导电纸若干、黄铜极板和黄铜压板若干、坐标纸等。在二维稳态导电模型中，可以以导电纸或水为导电介质。其水电模拟线路图及导电纸模拟线路图分别如图 4-11 和图 4-12 所示。

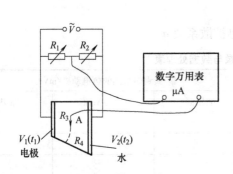

图 4-11　墙角平面内温度场水电模拟线路

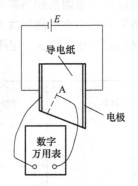

图 4-12　墙角平面内温度场导电纸模拟线路

　　图 4-11 中，$\tilde{V}$ 为低频信号发生器输出的交流电压，实验中一般设置为 3~5V 且 1000Hz 的交流电压，R_1、R_2 为调节电阻，数字万用表可以测量 μA 电流，A 为自制银探针。该测量系统为一个平衡桥路。图 4-12 中，E 为 3V 直流电源，A 为普通探笔。该电模拟采用数字万用表直接分压法。

　　以图 4-11 为例，由惠斯通平衡电桥原理可知，当桥路平衡时，μA 表指零，此时得

$$V_1 - V_2 = I_1(R_1 + R_2) \tag{4-15}$$

$$V_1 - V = I_1 R_1 \tag{4-16}$$

上述两式相除，得

$$\frac{V_1 - V}{V_1 - V_2} = \frac{R_1}{R_1 + R_2} \tag{4-17}$$

由物理相似，得

$$\frac{V_1 - V}{V_1 - V_2} = \frac{t_1 - t}{t_1 - t_2} \qquad \frac{t_1 - t}{t_1 - t_2} = \frac{R_1}{R_1 + R_2}$$

即

$$t = t_1 - \frac{R_1}{R_1 + R_2}(t_1 - t_2) \tag{4-18}$$

4.3.2　实验课程内容

1. 实验目的

1）巩固所学传热学和相似原理方面的知识，熟悉电模拟实验方法，测定出二维墙角导热温度场。

2）参考二维墙角导热数值模拟的结果，对比实测与数值模拟之间方法和结果的差别。

2. 实验原理

大自然中有许多类似的现象。所谓类似，就是指事物客观发展过程不同，而描述它们的数学模型形式相同的现象。固体内无内热源的稳定导热现象和导电体内无感应的稳定导电现象就是属于两种不同性质但微分方程形式相同的类似现象。它们都可以用拉普拉斯方程来描述，即

$$\nabla^2 \varphi = 0 \tag{4-19}$$

式中，φ 可以代表电势，又可以代表温度。

因此，人们可以通过研究电学现象去确定导热现象的规律性。这并不是利用现象本身的相似性，而是用类比的方法，用其他物理现象来重演所要研究的现象。也可以说，是利用那些具有相同的数学微分方程式的物理现象来互相模拟。而测量电压、电流和电阻等参数比起测量热量和温度来说，既简便又精确。这种研究方法称为电模拟，它具有很大的实用价值。由于它们的数学方程属于同一类型，故两个现象的对应量之间存在一个类比关系。

由导热现象中的傅里叶定律写出

$$\Phi = \lambda \frac{\Delta t}{\Delta x} = \frac{\Delta t}{R_{\mathrm{T}}} \tag{4-20}$$

由导电现象中的欧姆定律写出

$$I = \frac{\Delta u}{R_{\mathrm{A}}} \tag{4-21}$$

式中，Φ 是导热量（热流量），单位为 W；Δt 是物体的温度差，单位为℃；λ 是物体的导热系数，单位为 W/(m·℃)；Δx 是导热物体的厚度，单位为 m；R_{T} 是导热体内的热阻，单位为℃/W；I 是导电量（电流），单位为 A；Δu 是电势差，单位为 V；R_{A} 是导电体内的电阻，单位为 Ω。

于是，可以建立用电流来模拟热流、用电势差来模拟温度差、用电阻来模拟热阻的类比关系。根据相似原理，只要建立二者的几何条件相似和边界条件相似，则方程的解就具有同一形式。对于工程上简单的二维或三维导热温度场，如二维墙角的导热温度场，完全可以通过水电模拟方法来确定它的分布规律。

所谓几何条件相似，就是使导热体模型的各方向几何尺寸和导电体模型的各方向几何尺寸比值为同一相似倍数。而边界条件相似，则根据不同的边界类型来建立，边界条件有三种类型，即

1）第一类边界条件：热元件（导热体）边界上温度 t_1、t_2 为已知，令在电模型边界上的电势 u_1、u_2 也保持一定的比例关系。

2）第二类边界条件：热元件边界上热流量 Φ 为已知，只要电模型边界上电流（量）I

也保持一定比值的对应值。

3）第三类边界条件：热元件周围介质的温度和周围介质与热元件表面间的传热系数为已知，即周围介质与热边界之间的热阻 $R_T = 1/a$ 为已知，令电模型边界上加一个与 R_T 保持一定比例的电阻 R_A。

本实验主要通过电模拟的方法来测量描述二维墙角平面内导热的等温线分布规律。

3. 实验步骤

(1) 水电模拟实验（一）

1）根据模拟对象的大小（取对称的半墙角），取一个合适的相似倍数，做好水电模拟槽，给模型内灌上 20mm 深的经过沉淀的自来水。

2）按图 4-11 接好线路，将坐标纸放在模型下面，并设置好二维 x、y 坐标。

3）接通电源，打开信号发生器开关，按其说明书要求将信号发生器调成 3～5V、1000Hz 的电源信号输出。

4）移动探笔，可固定一个电阻值 R_3，调整另一电阻值 R_4，使 μA 数字电流表指零（或接近零），记下电阻值及探笔所在位置 x、y，以此类推，找出诸多等电势点即等温点，并连成各条等电势线即等温线。

5）假设 t_1 和 t_2 值大小，利用式（4-18）便可估计出测点的温度 t 来。

6）关闭电源，检查记录，整理现场，结束。

(2) 水电模拟实验（二）

1）根据模拟对象的大小（取对称的半墙角），取一个合适的相似倍数，做好水电模拟槽，给模型内灌上 20mm 深的经过沉淀的自来水。

2）按图 4-11 接好线路，将坐标纸放在模型下面，并设置好二维 x、y 坐标。

3）接通直流稳压电源，按照要求调成 0～30V 任意数值。

4）移动探笔，记录数字万用表直流电压档位上的读数，并记下探笔所在位置 x、y，以此类推，找出诸多等电势点即等温点，并连成各条等电势线即等温线。

5）重复 3～5 组操作。

6）关闭电源，检查记录，整理现场，结束。

(3) 导电纸模拟实验

1）根据模拟对象大小（取对称的半墙角），按相似倍数要求剪裁出导电纸模型，注意将两个极板分别整齐地放在导电纸边缘上。

2）裁剪 1 张与导电纸同样大小的坐标纸，放在导电纸下面，想办法将实验结果复制到坐标纸上，同样需设置好二维 x、y 坐标。

3）按图 4-12 接好线路，当接通电源后，即可用分压法测定出各等电势点（即等温点），将各点连成等温线。

4）测定出诸条等温线后，实验结束，将电源断开。

4. 实验数值模拟的结果图

图 4-13 所示为二维墙角导热数值模拟的温度场模拟图，其等温线分布规律可以与水电模拟或者导电纸模拟实测规律相对比。

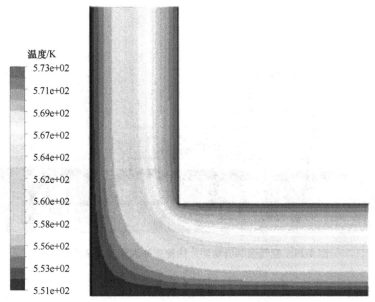

图 4-13　二维墙角导热温度场的数值模拟结果

5. 实验报告要求

1）绘制所研究对象的等温线以及热流线。

2）针对思考题，讨论实验结果。

3）实验报告的模式自行设定。

1. 如果在同一墙角平面内测其热流线，需怎样布置电极？

2. 如果测定一钢筋混凝土梁内的二维稳定温度场，边界条件为三面恒温，一面温度分布呈正弦函数，且以该面中心为对称，需怎样进行模拟？

3. 讨论数值模拟规律与水电模拟或者导电纸模拟实测规律的一致性。

4. 电模拟实验方法可以借鉴用于哪些工程技术的应用？

4.4　空气强制横掠翅片热管束外表面的综合传热实验

4.4.1　实验仪器设备简介

实验装置的实物如图 4-14 所示，简图如图 4-15 所示。这是一套带有翅片热管束、通过引风机使空气强制流经翅片热管束外表面的传热风洞装置。它主要由风洞本体、风机、构架、翅片管束与加热器、水银温度计、压力表、毕托管、数字压力计、电势差计、电流表、电压表、调压变压器以及镍铬-镍硅 K 型热电偶组成。

实验视频

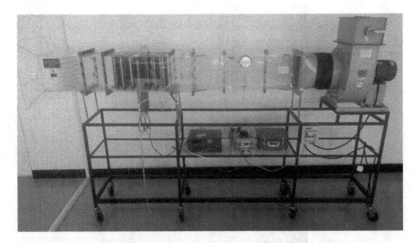

图 4-14　空气强制流动翅片热管束外表面实验装置全貌

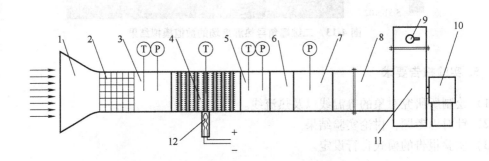

图 4-15　空气强制流动翅片热管束外表面实验装置简图

1—喇叭形入口　2—多格栅整流段　3—风洞主体段前　4—风洞主体翅片管束段　5—风洞主体段后　6—变形缩口段
7—测速段　8—与引风机连接段　9—风机流量调节阀　10—电动机　11—引风机　12—加热与热传导管

如图 4-15 所示，在风洞主体段前设置两段整流，1 是风洞前的喇叭形整流结构，2 是多格栅式整流段结构，经过 3 的稳流过程，再使空气流稳定地进入风洞主体段 4。风洞主体段高 295mm，宽 300mm，安装有 24 根翅片管；从风洞主体段入口处开始，沿轴向错排布置 7 排，沿宽度方向第一排布置 3 根，第二排布置 4 根，以此类推；在第四排上布置的 4 根作为加热源。翅片管有效长 265mm，每根基管上面有 83 片翅，基管直径为 20mm，基管壁厚 2.5mm，翅片管外径 40mm，翅片高 10mm，翅片厚 0.2mm，翅片距 3mm。在风洞主体段前后设置有测压孔和测温计，经过一个圆滑渐缩过渡段 6，空气流到达窄通道测速段 7，此段高 295mm，宽 80mm，在此安装了毕托管，用以测量流速。之后管路与引风机连接，空气经过开启的流量阀排出。

作为热源的 4 根翅片管下部装有电加热器，为并联布置，每根翅片基管内嵌有 1 只镍铬-镍硅 K 型热电偶以测量翅片管壁温。翅片管是换热器中常见的一种传热元件，由于管表面翅片的存在，增加了传热面积，使传热效率比光管提高很多，这种结构特别适合流体侧换热场合的设计。

4.4.2　实验课程内容

1. 实验目的

1）通过测量风洞内空气的压力、风速、阻力、空气与翅片热管束表面的各自温度，以及加热翅片管束的热量参数，计算空气强制横向掠过翅片热管束表面的平均对流表面传热系数，并将实验数据整理成准则方程式。

2）加深理解强制对流和综合传热理论，掌握基本的实验研究方法。

3）熟悉实验装置的设计构成，掌握各种仪器的使用方法，培养独立进行科研实验的能力。

2. 实验原理

根据相似理论，流体强制外掠翅片管束表面时的表面传热系数与流速、物体几何形状及尺寸、流体物性间存在如下的无因次函数关系

$$Nu = f(Re, Pr, s/d, \delta/d, \cdots, N) \tag{4-22}$$

式中，Nu 是努塞特数；Re 是雷诺数；Pr 是普朗特数；s、δ 分别是翅片管束的翅片高度、厚度，单位为 m；d 是翅片管的基管外径，单位为 m；N 是流体流动方向的翅片管排数。

Nu、Re、Pr 的表达式分别为

$$Nu = \frac{hd}{\lambda}$$

式中，h 是表面传热系数，单位为 W/(m² · ℃) 或 W/(m² · K)；d 是翅片管的基管外径，设为定性尺寸，单位为 m；λ 是流体导热系数，单位为 W/(m · ℃) 或 W/(m · K)。

$$Re = \frac{ud}{\nu}$$

式中，u 是流体流过实验管外最窄面处流速，单位为 m/s；ν 是流体的运动黏度，单位为 m²/s。

$$Pr = \frac{\nu}{a}$$

式中，a 是流体导温系数，或称热扩散系数，单位为 m²/s。

前人许多实验研究表明，当流体强制横向外掠管束表面时，一般可将上式整理成指数形式的准则方程式

$$Nu = Re^n Pr^m \tag{4-23}$$

式中，n、m 均为常数，由实验确定。

当流体为空气时，取 $Pr = 0.7$，则式（4-23）可转变为

$$Nu = CRe^n \tag{4-24}$$

式中，C 为常数，由实验确定。

设空气的平均温度为 t_{af}，翅片管束的壁温为 t_w，则定性温度可取流体边界层平均温度，即

$$t_m = \frac{1}{2}(t_w + t_{af}) \tag{4-25}$$

于是可以获得定性温度下空气的各热物性参数。

实验中，首先规定翅片管束的加热功率。根据实验装置的设计，管束的表面温度是通过导热方式间接获得的，即将热电偶安插在翅片基管的内部，其内管充满导热油，而加热翅片管的加热丝布置在管束的下部，如图 4-16 所示。导热油可以迅速地将热量均匀传递给整个翅片管，因此只要测量出导热油的温度，就可认为得到了翅片管的表面温度。正是如此设计，翅片管束的加热温度不能过高，其加热电压要控制在 160V 以下。

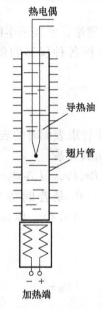

热电偶

导热油

翅片管

加热端

图 4-16　翅片管与测温

固定加热功率后，读取电流 I 和电压 U，得到翅片管的加热功率 P_t 为

$$P_t = UI \tag{4-26}$$

调整风机的翻板，改变某种工况下的空气流量，稳定后，便可通过布置在翅片管内部的热电偶，通过电势差计读取热电偶产生的热电动势值，再查找对应的热电动势与毫伏表，差值得到温度，或者通过电子测温仪表，直接读取翅片管的管壁温度。风洞中管束前后的温度，用酒精温度计读取。

风洞主体段的压差阻力、速度可用毕托管或一维测速计测量。风量的大小则由风机出口挡板调节。注意该挡板有最小极限档位，以保护风机正常运转。

当改变几种风量工况，就可以获得不同的温度、压力等参数，从而求得 Nu 和 Re，由此确定空气强制横向掠过翅片热管束表面的平均表面传热系数 h，并将实验数据整理成准则方程式。

3. 实验步骤

1）将毕托管与压力计连接好，校正零点，或者准备好数字压力表；将冰瓶装上冰水混合物，连接热电偶与电势差计；再将加热器、电流表、电压表以及调压变压器线路连接好，指导教师检查确认无误后，准备起动风机。

2）在风机流量调节阀最小极限档位下起动风机，然后根据需要的流量调节流量阀板，固定某风量。

3）在调压变压器指针位于零位时，合电闸加热翅片实验管，根据需要调整变压器，使其在某一功率下加热，并保持不变，使壁温达到稳定（壁温热电偶的电动势值在 3min 内保持读数不变，即可认为已达到稳定状态）后，开始记录热电动势 mV 值，电流 I，电压 U，空气进出口温度 t_{a1}、t_{a2} 及毕托管所测的动压头 H。

4）在不同的加热负荷下，通过调整风量获得不同的风速来改变 Re 的大小；不同热负荷条件下的实验，仅需利用调压变压器改变电加热器功能、重复上述实验步骤即可。

5）实验完毕后，先切断翅片管加热器电源，待翅片管冷却后再关闭风机。

4. 实验数据的整理计算

（1）翅片管束间流通截面的空气流速计算　当采用毕托管或数字压力计在风洞主体段前后的截面中心点测量空气流动速度时，由于实验风洞测速段分布均匀，因此不必进行截面速度不均匀的修正。

若测得非风洞主体段的空气动压头为 H，单位为 Pa，则通道内空气的流速 u 为

$$u = \sqrt{\frac{2H}{\rho_{a2}}} \tag{4-27}$$

式中，H 是非风洞主体段的空气动压头，单位为 Pa；ρ_{a2} 是流过翅片管束后空气温度 t_{a2} 下的空气密度，$\rho_{a2} = \rho_{a0}/[1+(t_{a2}/273)]$，单位为 kg/m^3。

由上式计算所得的流速并不是风洞主体段流通截面处的空气流速，而准则式中的流速是指流体流过翅片管束之间的流速，由连续性方程 $uA = u'A'$，有

$$u' = \frac{A}{A'}u \tag{4-28}$$

式中，A 是非风洞主体段流通截面积，本实验中 $A = 0.295 \times 0.08 \text{m}^2 = 0.0236 \text{m}^2$；$u'$ 是风洞主体段翅片管束间流通截面的空气流速，单位为 m/s；A' 是风洞主体段翅片管束间的流通截面积，单位为 m^2。

A' 的表达式为

$$A' = A_4 - Ld_{fin}z = 0.295 \times 0.3 \text{m}^2 - 0.265 \times 0.04 \times 4 \text{m}^2 = 0.0461 \text{m}^2$$

式中，A_4 是风洞主体段流通截面积，高为 295mm，宽为 300mm；L 是翅片管有效长，265mm；d_{fin} 是翅片管外直径，40mm；z 是横排翅片管列数。

于是，式（4-28）可转化为

$$u' = \frac{A}{A'}u = \frac{0.0236}{0.0461}u = 0.5119u$$

（2）强制外掠翅片热管束时的平均对流表面传热系数 h　电加热器所产生的总热量主要通过对流方式由翅片管壁传给空气，另外还有一部分是以辐射方式传递出去的，因此单位时间对流放热量 Φ_c 为

$$\Phi_c = P_t - \Phi_r = IU - \Phi_r \tag{4-29}$$

$$\Phi_r = \varepsilon C_0 A_{fin}\left[\left(\frac{T_w}{100}\right)^4 - \left(\frac{T_{af}}{100}\right)^4\right] \tag{4-30}$$

式中，Φ_r 是单位时间辐射换热量，单位为 W；ε 是管束表面黑度，$\varepsilon = 0.8$；C_0 是绝对黑体

辐射系数，$C_0 = 5.67 \text{W}/(\text{m}^2 \cdot \text{K}^4)$；$T_w$ 是管壁面的平均热力学温度，单位为 K；T_{af} 是空气的平均热力学温度，单位为 K；A_{fin} 是翅片管传热表面积，单位为 m^2。

根据牛顿冷却公式，翅片管壁平均对流表面传热系数为

$$h = \frac{\varPhi_c}{(t_w - t_{af}) A_{fin}} \tag{4-31}$$

式中，t_{af} 是流过翅片管束前、后空气温度 t_{a1}、t_{a2} 的平均值，$t_{af} = (t_{a1} + t_{a2})/2$。

单位长度上的翅片管传热表面积 A_{fin} 的计算比较复杂。它包括三部分：第一部分为基管表面积（扣除翅片厚度）；第二部分为翅片顶端面积（有效翅片数累计后的表面积）；第三部分为翅片正反面的表面积。如前述，已知翅片管的各尺寸参数，便可以求出每根翅片管的传热表面积（过程省略）$A_{fin,i} = 0.05836 \text{m}^2$；对于 4 根加热翅片管，便有 $A_{fin} = 4 \times A_{fin,i} = 4 \times 0.05836 \text{m}^2 = 0.23344 \text{m}^2$。

(3) 确定空气强制外掠翅片热管束时的准则方程式 改变不同风量，可以测得不同的非风洞主体段的空气流速 u，进而得到风洞主体段翅片管束间流通截面的空气流速 u'。

定性温度 t_m 的计算式为

$$t_m = \frac{t_w + t_{af}}{2} \tag{4-32}$$

在定性温度下，主体段翅片管束间流通截面的实际空气流速 u'_t 的计算式为

$$u'_t = u'\left(1 + \frac{t_m}{273}\right) \tag{4-33}$$

计算空气强制外掠翅片热管束的准则方程式时，首先，根据定性温度确定空气的导热系数 λ 和运动黏度 ν；然后，计算出不同风量情况下的 Re 和 Nu，并取对数得到 $\lg Re_i$ 和 $\lg Nu_i$；接着，以 $\lg Re$ 为横坐标、$\lg Nu$ 为纵坐标，建立对数坐标系，将 $\lg Re_i$ 和 $\lg Nu_i$ 描点画出直线图并利用直线方程 $\lg Nu = \lg C + n \lg Re$ 求出该直线方程的斜率 n 和截距 C，二者的计算式分别为

$$n = \frac{\lg Nu_2 - \lg Nu_1}{\lg Re_2 - \lg Re_1} \tag{4-34}$$

$$C = \frac{Nu}{Re^n} \tag{4-35}$$

最后，将计算结果代入式（4-24）可得出空气强制外掠翅片热管束时的准则方程式。

5. 实验报告

1）简述实验原理。
2）实验原始数据，数据整理过程。
3）求出平均对流表面传热系数 h。
4）作出 $\lg Re$-$\lg Nu$ 曲线图（选做）。

6. 实验数据记录与处理

相关实验数据记录与处理表参见表 4-6 和表 4-7。

表 4-6　实验数据记录表

引风机阀档位	电压 U/V	电流 I/A	热功率 P_t/W	入口空气 $t_{a1}/℃$	出口空气 $t_{a2}/℃$	空气平均 $t_{af}/℃$	平均空气密度 $\rho_{at}/kg \cdot m^{-3}$

	E_1/mV	E_2/mV	E_3/mV	E_4/mV	平均值 E/mV	$t_w/℃$
翅片管热电动势与翅片温度						

非主体段空气动压头 H/Pa	非主体段空气流速 $u/m \cdot s^{-1}$	主体段翅片间空气流速 $u'/m \cdot s^{-1}$	翅片与空气温差 $t_w - t_{af}/℃$

翅片管传热表面积 A_{fin}/m^2	辐射换热量 Φ_r/W	对流换热量 Φ_c/W

平均对流表面传热系数 $h/W \cdot (m^2 \cdot ℃)^{-1}$	

表 4-7　实验数据记录与处理表

工况	t_m	u'_t	λ	ν	Re	Nu	$lgRe$	$lgNu$
1								
2								
3								
4								
5								
6								
待定系数	C			n				
准则方程式								

7. 相关参数拟合公式

（1）镍铬-镍硅 K 型热电偶热电动势与温度（℃）的拟合函数关系（0~200℃）

$$t = \frac{E + 0.00851}{0.04089}$$

（2）空气导热系数 W/(m² · ℃) 与温度的拟合函数关系（0~200℃）

$$\lambda \times 10^2 = 2.4489 + 0.00744t$$

（3）空气运动黏度（m²/s）与温度的拟合函数关系（0~200℃）

$$\nu \times 10^6 = 13.21327 + 0.09115t + 8.7589 \times 10^{-5}t^2$$

8. 相关参数表

镍铬-镍硅 K 型热电偶分度表见表 4-8。

表 4-8　镍铬-镍硅 K 型热电偶分度表（自由端温度为 0℃）

工作端温度 /℃	热电动势 /mV	工作端温度 /℃	热电动势 /mV	工作端温度 /℃	热电动势 /mV
−270	−6	50	2	370	15
−260	−6	60	2	380	16
−250	−6	70	3	390	16
−240	−6	80	3	400	16
−230	−6	90	4	410	17
−220	−6	100	4	420	17
−210	−6	110	5	430	18
−200	−6	120	5	440	18
−190	−6	130	5	450	19
−180	−6	140	6	460	19
−170	−5	150	6	470	19
−160	−5	160	7	480	20
−150	−5	170	7	490	20
−140	−5	180	7	500	21
−130	−4	190	8	510	21
−120	−4	200	8	520	21
−110	−4	210	9	530	22
−100	−4	220	9	540	22
−90	−3	230	9	550	23
−80	−3	240	10	560	23
−70	−3	250	10	570	24
−60	−2	260	11	580	24
−50	−2	270	11	590	24
−40	−2	280	11	600	25
−30	−1	290	12	610	25
−20	−1	300	12	620	26
−10	0	310	13	630	26
0	0	320	13	640	27
10	0	330	13	650	27
20	1	340	14	660	27
30	1	350	14	670	28
40	2	360	15	680	28

1. 何为空气强制外掠翅片热管束时的平均对流传热系数 h? 与风洞风量大小有何关系?

与加热翅片管的温度有何关系？

2. 强制对流与自然对流有何区别？如果该装置为空气自然外掠翅片热管束时，C 与 n 值将如何变化？

4.5　大空间水平圆管空气自然对流传热实验

4.5.1　实验仪器设备简介

本实验装置由水平圆管主体和虚拟仪器（virtual installment，VI）系统组成。虚拟仪器概念在 20 世纪 80 年代发源于美国，是计算机和微电子技术迅速发展的产物。它是指现代计算机技术、通信技术和测量技术结合在一起的新型仪器。从结构上，它包括计算机、应用软件、仪器硬件和接口模块等三部分。它可以代替传统的测量仪器，如电流表和电压表或者功率表、示波器、逻辑分析仪、信号发生器、频谱分析仪等；又可集成自动控制系统；又可自由构建专用仪器系统。

1. 水平圆管的主体装置

将直径和长度成同一比例的镀铬抛光铜质水平圆管悬挂在密闭的大空间内，管内装有供通电加热的镍铬丝，加热丝外部是石英管作为绝缘保护，在石英管和铜管之间用几个绝缘支环支撑，圆管两端用高铝质耐火材料封装。每根水平圆管的结构如图 4-17 所示。

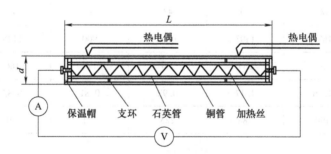

图 4-17　水平圆管主体装置

主体实验装置共分为三组，第一组为 6 根管，第二组为 6 根管，第三组为 5 根管。每根管的外表面对称焊接两个铜-康铜热电偶，各圆管结构尺寸以及其他参数见表 4-9。

表 4-9　水平圆管编号及参数对照表

第一组

序号	1	2	3	4	5	6
对应水平圆管编号	NO. 11	NO. 5	NO. 10	NO. 6	NO. 4	NO. 12
强电编号（圆管供电）	+15	+3	+13	+1	+11	+19

（续）

序号	1	2	3	4	5	6
弱电编号	+45–46	+17–18	+39–40	+01–02	+35–36	+53–54
（热电偶）	+47–48	+19–20	+41–42	+03–04	+37–38	+55–56
外径/mm	65	39	43	32	31.7	25
长度/mm	1800	1117	1209	1000	890	704
额定功率/W	250	156	209	193.6	167	144
额定电流/A	1.14	0.71	0.95	0.88	0.76	0.66
电阻/Ω	192	310	232	250	291	335

第二组

序号	1	2	3	4	5	6
对应水平圆管编号	NO.1	NO.8	NO.7	NO.3	NO.2	NO.9
强电编号（圆管供电）	+1	+11	+9	+5	+3	+13
弱电编号	+1–2	+45–46	+23–24	+13–14	+7–8	+29–30
（热电偶）	+3–4	+47–48	+25–26	+15–16	+9–10	+31–32
外径/mm	60	50	43	32	40	40
长度/mm	1682	1403	1235	900	1125	1203
额定功率/W	255	257	217	178	166	220
额定电流/A	1.16	1.17	0.92	0.81	0.85	1.0
电阻/Ω	190	188	223	271	291	222

第三组

管号	1	2	3	4	5
对应水平圆管编号	支架1	支架2	支架3	支架4	支架5
外径/mm	19	20	25	19	20
长度/mm	538	605	703	530	590
额定功率/W	113	121	144	110	131
额定电流/A	0.51	0.55	0.66	0.51	0.60
电阻/Ω	428	399	335	438	367

注：支架上水平圆管的强弱电连接没有经过室内墙壁上的面板，而是直接连接到室外控制器上；表中序号为计算机程序编号。

2. 虚拟仪器系统

如图 4-18 所示，作为辅助装置的虚拟仪器系统部分，主要由 XDZ-Ⅱ型控制采集分析仪和主控计算机及其专用软件构成。

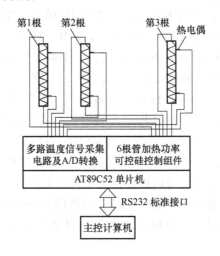

图 4-18　大空间水平圆管空气自然对流传热装置系统工作原理

（1）温度采集原理　为了求得水平圆管的管壁平均温度，在每根水平圆管上均安装了两只热电偶，两只热电偶各自串接一个电阻后并联在一起，连接到数据采集器的输入端上。如果两只电阻具有相同的阻值且数据采集器的输入电阻无穷大，则测得的电动势值刚好是两只热电偶电动势的平均值。

（2）可控硅以调功方式供给水平管加热　调整供热功率的方式通常可有以下两种选择：一是调整可控硅供电电压；二是调整可控硅导通占空比（PWM）。

1）调整可控硅供电电压。这种方法调压控制脉动小，工作平稳，性能比较好，但功率和电压不是线性关系，且测量非正弦交流电的电压有效值比较难，容易产生较大误差。

2）调整导通占空比（PWM）。该方法是使可控硅在一定的周期内连续导通一段时间，关断一段时间，而导通时间占整个周期的比率即为导通占空比。显然，占空比与功率成正比，且容易控制和测量，但脉动较大。

以上两种方式各有其优缺点。根据本控制器实际情况，如果后者的脉动状况得以改善，则总的优势要高于前者。采取措施使周期随占空比变化，当占空比越接近 50% 时其周期就越小，就可以改善脉动状况。因此本控制器采用变周期的 PWM 方案。

（3）单片机系统工作原理　测控装置是以 AT89C52 单片机为核心的智能控制器。测控装置有一个 8 通道的模拟量输入接口，其中 6 路作为热电偶测温量输入，1 路作为测室温的 Pt100 热电阻输入，另外 1 路作为测电源电压的输入。一个 6 路控制 6 个可控硅的开关量输出。一个用于与计算机通信的 RS232 接口。一个用于永久保存数据的 EEPROM 存储器等。

AT89C52 是一种低功耗、高性能的 8 位 CMOS 微处理器芯片，片内带有 8KB 的可编程及可擦除只读存储器，该芯片的制造采用了 Atmel 公司的高密度非易挥发存储器的生产技术，并与工业标准的 80C51 指令集和管脚分布相兼容，片上的 EPROM 允许在线对程序存储器重新编程，也可用常规的非易挥发存储芯片编程器编程，Atmel 的 AT89C52 将功能多样的 8 位 CPU 与 EPROM 结合在同一个芯片上，为许多嵌入式控制应用提供了高度灵活又价格适宜的方案。

AT89C52 具有下面一些标准特性：8KB 的 EPROM，256B 的 RAM，32 条 I/O 线，三个 16 位定时器/计数器，一个五源两级的中断结构，一个双工的串行口，片上振荡器与时钟电路。AT89C52 为 EPROM 阵列的编程提供了所有必需的时序与高电压，不需要任何外部支持电路。此外，AT89C52 还支持两种软件可选的省电模式。其中在闲置模式下，CPU 停止工作，但 RAM、定时器/计数器、串行口与中断系统仍然在起作用；在掉电模式下，只保存 RAM 的内容，振荡器停振，关闭芯片的所有其他功能，直到下一次硬件复位到来。

(4) 上下位机通信问题 一个通信网可以由一个主机和若干个从机构成，每个从机有自己的地址。整个通信网由主控计算机控制，主控机发出命令给从机，从机响应命令后回答主机即完成一次通信。在本系统中，属于一对一的通信关系，即仅存在上下位机通信问题。这里的所谓上位机是指计算机，下位机就是指 XDZ-II 控制采集分析仪系统，二者接口硬件为 RS232。

上位机根据一定的通信规则和下位机实时通信，在与下位机通信过程中，上位机主要读取下位机功率和温度信号，并向下位机写入功率信号，即通过专用软件实现对六根水平圆管的加热和实时监测各管子的升温过程以及数据处理等。

4.5.2 实验课程内容

1. 实验目的

1）测定外水平圆管空气自然对流传热的相关参数，加深对相似原理、自然对流传热原理的理解，掌握实验研究方法。

2）了解虚拟仪器技术，熟悉功率控制、热电动势信号采集系统的工作原理以及实验装置的设计思想。

3）学会应用一元线性回归方法（最小二乘法）确定外水平管空气自然对流传热准则关联式。

2. 实验原理

当流体流过固体壁时的热量传递称为对流传热。对流传热可分为单相（无相变）流体和相变流体（有凝结和沸腾）的对流传热。单相流体的对流传热又可以分为自然对流和强迫对流传热。不论哪种对流传热，热流量都可以用牛顿冷却公式来表示。自然对流传热是流体在浮升力的作用下运动而引起的传热。对于一组被加热的水平放置的圆管，在密闭的大空间中，圆管周围的空气由于密度的变化而产生运动，根据微分方程组的相似分析，空气沿水平圆管外表面自由运动的传热，有如下的函数关系

$$Nu = C(Gr \cdot Pr)^n = CRa^n \tag{4-36}$$

式中，C、n 为由实验确定的常数；其余如下。

$$Gr = \frac{g\alpha\Delta t d^3}{\nu^2} \qquad (4\text{-}37)$$

式中，g 为重力加速度，单位为 m/s^2；α 是流体的体胀系数，单位为 K^{-1}；Δt 是壁面温度与主流温度之差，单位为℃；d 为圆管特征尺寸，单位为 m。

$$Nu = \frac{hd}{\lambda} \qquad (4\text{-}38)$$

式中，h 是表面传热系数，单位为 W/(m^2·℃) 或 W/(m^2·K)；λ 是流体的导热系数，单位为 W/(m·℃) 或 W/(m·K)。

$$Pr = \frac{\nu}{a} \qquad (4\text{-}39)$$

式中，ν 是运动黏度，单位为 m^2/s；a 是热扩散系数，单位为 m^2/s。

在上述的函数关系中，Nu 称为努塞特（Nusselt）数，Gr 称为格拉斯霍夫（Grashof）数，Pr 称为普朗特（Prandtl）数，Ra 称为瑞利（Rayleigh）数。依据相似三定理以及相似现象的性质，取一组几何相似、表面全部电镀抛光、端头绝热封闭的若干根水平放置的加热圆管，其中各管的几何相似比例 $L/d =$ 常数，使它们处于热物理现象相似的条件下，即在同一封闭的大空间环境下产生同一流态的自然对流现象。

所谓热物理现象相似，一般是指在几何相似群（或线性几何相似群）中的各物理参数成比例。这个概念是针对稳定场而言的。那么这一组几何相似的加热群管，具有各自的同名准则数，它们必然符合水平圆管自然对流传热相似准则之间的函数关系。由式（4-37）、式（4-38）、式（4-39）可知，各管的同名准则数都是由空气的物性参数、管壁及空气的温度、各管的定性尺寸所决定的。当已知各管实际加热功率 P_i、各管的表面温度 $t_{w,i}$、室内空气温度 $t_{f,i}$，便可以求得定性温度 $t_{m,i}$。

$$t_{m,i} = 0.5(t_{w,i} + t_{f,i}) \qquad i = 1,2,3,\cdots,n \qquad (4\text{-}40)$$

由 t_{mi} 通过查表可以确定各管的空气运动黏度 ν_i、容积膨胀系数 β_i（$\beta_i = 1/(273 + t_{m,i})$）、导热系数 λ_i 以及普朗特数 Pr_i。而各管的管壁与室内空气温度之差 Δt_i 可以表示为

$$\Delta t_i = t_{w,i} - t_{f,i} \qquad (4\text{-}41)$$

在稳定传热状态下，各管的放热量

$$\Phi_i = P_i \qquad (4\text{-}42)$$

由牛顿冷却公式，各管的表面传热系数

$$\alpha_i = \frac{\Phi_i}{A_i \Delta t_i} \qquad (4\text{-}43)$$

其中 A_i 为各圆管外表面积，但忽略了端头的面积，因为端头视为绝热。

如在过渡流的状态下，由文献 [8] 得到 Nu、Gr 和 Pr 三者之间的准则函数关系为

$$Nu = 0.53(Gr \cdot Pr)^{0.25} = 0.53 Ra^{0.25} \qquad (4\text{-}44)$$

本实验是根据上述原理，选择 6 根水平放置的加热圆管，确定在过渡流态实验条件下的自然对流传热规律，从而确定出实验条件下的 C 和 n 值。其中的自然对流传热曲线是将式（4-44）取对数线性化，得到各管的线性方程

$$\lg Nu_i^* = \lg 0.53 + 0.25 \lg Ra_i \qquad (4\text{-}45)$$

上式中 Ra_i 为各管的实测值，进而得到各管的 Ra_i 和 $\lg Nu_i^*$，再由式（4-38）和

式（4-43），可以求出 6 根水平管的实测 $\lg Nu_i$，通过线性回归（最小二乘法），便得到实测的准则方程式。

流体在大空间自然对流时总结出的实验关联式具有很好的实用意义，它可以应用到比形式上大空间更广的范围上去。

3. 实验步骤

1）检查实验室大空间的密闭性，把门关好，选择一管群组。

2）接通总电源，依次接通 XDZ-Ⅱ控制采集分析仪电源和计算机电源，进入 D 驱动器，点击水平圆管实验文件夹。

3）进入实验主菜单界面，共有 7 个功能模块，即实验目的、实验原理、实验装置、实验步骤、温度检测、数据处理、退出系统。

4）进入温度检测模块，根据查表并参考有关的实验参数，输入各管的管长、直径和加热功率值，注意各管的参数绝不能超过额定值，在过渡流态的传热条件下，输入的加热功率，仅仅是额定值的 1/5 左右。具体可以按以往的经验值给出。如果要开展其他流态下的设计性实验时，各管的加热功率由学生独立去摸索设置。

5）可以随时观测各管的表面温度随时间的动态变化曲线，有单一管的，也有 6 根管总体温升趋势；同时在实验结果中可以实时得到文献准则关联式直线和实测准则关联式直线，以及它们的准则方程式。每次查看时可以计算一次，便得到新的测量计算结果。

6）达到稳定态时，各管的表面温度不再随时间而变化，此时可以得到两条直线几乎相重合的结果。

7）打印结果，退出程序，关闭计算机，关闭 XDZ-Ⅱ控制采集分析仪。

4. 一元线性回归原理

一元线性回归是讨论两个变量之间的线性关系，设有 n 组测量结果 x_i，$y_i(i=1,2,3,\cdots,n)$。y_i 是因变量（随机变量），x_i 为自变量（非随机变量）。

令最佳拟合直线为 $y=ax+b$，其中 a、b 为待定系数（回归系数）。最小二乘法的原理是，当 $y=ax+b$ 为最佳拟合直线时，各因变量的残差平方和为最小，即满足各测量值 (x_i,y_i) 在 y 方向上对回归直线的偏差 $y-y_i$ 的平方和为最小。

设拟合直线方程相对于测量的残差平方和 Q 为

$$Q=\sum_{i=1}^{n}v_i^2=\sum_{i=1}^{n}\left[y_i-(ax_i+b)\right]^2 \tag{4-46}$$

满足 Q 最小的条件为

$$\frac{\partial Q}{\partial a}=0,\quad \frac{\partial Q}{\partial b}=0$$

即

$$\frac{\partial Q}{\partial a}=-2\sum_{i=1}^{n}\left[x_iy_i-ax_i^2-bx_i\right]=0$$

$$\frac{\partial Q}{\partial b}=-2\sum_{i=1}^{n}\left[y_i-ax_i-b\right]=0$$

整理得

$$a \sum x_i + nb = \sum y_i$$

$$a \sum x_i^2 + b \sum x_i = \sum x_i \sum y_i$$

联立方程解之

$$a = \frac{\sum x_i \sum y_i - n \sum x_i \sum y_i}{(\sum x_i)^2 - n \sum x_i^2}$$

$$b = \frac{\sum x_i \sum x_i y_i - \sum x_i^2 \sum y_i}{(\sum x_i)^2 - n \sum x_i^2} \tag{4-47}$$

从而可得拟合的一元线性回归方程 $y = ax + b$。

5. 实验数据处理手工计算步骤

1）查到室内平均空气温度 t_f 和各管壁温度 $t_{w,i}$。

2）按式（4-40）计算各个定性温度 $t_{m,i}$。

3）根据 $t_{m,i}$，查取表 4-10 和表 4-11，确定各管的空气运动黏度 ν_i、容积膨胀系数 β_i（$\beta_i = 1/(273 + t_{m,i})$）、导热系数 λ_i 以及普朗特数 Pr_i。

4）由式（4-41）计算各管的管壁与室内空气温度之差 Δt_i。

5）由式（4-42）和式（4-43），确定各管的放热量 Φ_i 和表面传热系数 α_i。

6）按式（4-36）、式（4-38），分别计算出各管的 Ra_i 和 Nu_i，分别取对数，得到 $\lg Ra_i$ 和 $\lg Nu_i$。实际上 $\lg Ra_i$ 和 $\lg Nu_i$ 相当于 x_i 和 y_i，根据一元线性回归原理，求解出实测准则方程中的 C 和 n 来，得到实测准则方程式，并与文献准则方程式相比较。

7）画出实测准则方程线和文献准则方程线，注意它们的横坐标都是取实测计算出的对数值。

8）将手工计算结果与计算机计算结果加以比较分析。

表 4-10　T 型（铜-康铜）热电偶热电动势温度表　　　（单位：mV）

工作端温度（十、百位）/℃	工作端温度（个位）/℃									
	0	1	2	3	4	5	6	7	8	9
0	0.000	0.039	0.078	0.117	0.156	0.196	0.235	0.274	0.313	0.352
10	0.391	0.431	0.471	0.510	0.550	0.590	0.630	0.670	0.709	0.749
20	0.789	0.830	0.870	0.911	0.952	0.993	1.033	1.074	1.115	1.155
30	1.196	1.238	1.279	1.321	1.362	1.404	1.445	1.487	1.528	1.570
40	1.611	1.653	1.696	1.738	1.781	1.823	1.865	1.908	1.950	1.993
50	2.035	2.078	2.121	2.165	2.208	2.251	2.294	2.337	2.381	2.424
60	2.467	2.511	2.555	2.599	2.643	2.688	2.732	2.776	2.820	2.864
70	2.908	2.953	2.998	3.043	3.088	3.133	3.177	3.222	3.267	3.312
80	3.357	3.403	3.448	3.494	3.539	3.585	3.601	3.676	3.722	3.767

（续）

工作端温度 （十、百位） /℃	工作端温度（个位）/℃									
	0	1	2	3	4	5	6	7	8	9
90	3.813	3.859	3.906	3.962	3.999	4.045	4.091	4.138	4.184	4.231
100	4.277	4.324	4.371	4.418	4.459	4.513	4.560	4.607	4.655	4.702
110	4.749	4.797	4.845	4.892	4.940	4.988	5.036	5.084	5.131	5.179
120	5.227	5.275	5.342	5.372	5.421	5.462	5.518	5.566	5.615	5.664

表 4-11　干空气的物性参数表（$P_B = 101325\text{Pa}$）

$t/℃$	$\rho/\text{kg}\cdot\text{m}^{-3}$	$c_p/[\text{kJ}/(\text{kg}\cdot℃)]$	$\lambda\times10^2/$ $\text{W}\cdot(\text{m}\cdot℃)^{-1}$	$\nu\times10^6/\text{m}^2\cdot\text{s}^{-1}$	Pr
0	1.293	1.0049	2.4423	13.28	0.707
10	1.247	1.0049	2.5121	14.16	0.705
20	1.205	1.0049	2.5935	15.06	0.703
30	1.165	1.0049	2.6749	16.00	0.701
40	1.128	1.0049	2.7563	16.96	0.699
50	1.093	1.0049	2.8261	17.95	0.698
60	1.060	1.0049	2.8958	18.97	0.696
70	1.029	1.009	2.9656	20.02	0.694
80	1.000	1.009	3.0471	21.09	0.692
90	0.972	1.009	3.1234	22.10	0.690
100	0.946	1.009	3.2098	23.13	0.688

6. 已总结出的比较成功的大空间自然对流传热实验关联式的相关参数

原则上的自然对流准则方程式为

$$Nu = f(Gr, Pr) \qquad (4\text{-}48)$$

在工程上广泛采用的是式（4-36），对于几种典型的表面和放置情况，由实验确定的常数 C 和 n 值见表 4-12。

表 4-12　以 (Gr, Pr) 为判据的大空间自然对流传热的有关参数

加热表面形状和放置方式	流态	C	n	(Gr, Pr) 的范围
横圆柱	静止模态	0.5	0	$<10^{-3}$
	层流	1.18	1/8	$10^{-3}\sim5\times10^2$
	过渡	0.54	1/4	$5\times10^2\sim2\times10^7$
	湍流	0.135	1/3	$2\times10^7\sim10^{13}$

杨世铭、陶文铨在他们所编著的《传热学》第五版中给出了在新的判据下的常数 C 和 n 值，见表 4-13。

表 4-13　以 Gr 为判据的大空间自然对流传热的有关参数

加热表面形状和放置方式	流态	C	n	Gr 的范围
竖平板和竖圆柱	层流	0.59	1/4	$10^4 \sim 3 \times 10^9$
	过渡	0.0292	0.39	$3 \times 10^9 \sim 2 \times 10^{10}$
	湍流	0.11	1/3	$> 2 \times 10^{10}$
横圆柱	层流	0.48	1/4	$10^4 \sim 5.76 \times 10^8$
	过渡	0.0445	0.37	$5.76 \times 10^8 \sim 4.65 \times 10^9$
	湍流	0.10	1/3	$> 4.65 \times 10^9$

7. 实验报告

水平圆管空气自然对流传热实验由于采用了虚拟仪器技术，虽然实验操作过程比较简单，但涉及的知识面很宽，建议结合所学的传热学知识和所涉及的相关知识写一份综合性实验报告。

8. 注意事项

在温度检测菜单的下一级菜单参数设置中，功率修改功能只能使用一次，如果再需要修改，只能回到 VB 系统菜单重新启动。

9. 设计性实验的思考引导

根据下面的思考题 2，可以开展设计性实验，在管子已经被加热的情况下，实验大约需要 2h。

思　考　题

1. 怎样保证水平圆管空气自然对流在过渡流的状态，如果是层流或者是湍流的状态，其准则方程式将有哪些改变？

2. 能否通过空气在 1 根水平圆管的壁面上产生的自然对流换热，来整理出准则方程式？怎样组织这个实验？

3. 通过这项实验，你如何将这种研究方法引入实践当中？如果有一新型换热器（如水-水热交换暖气片），预知其传热系数和传热规律，你将如何处理？

4. 试归纳虚拟仪器技术在本实验上的应用特点。

5. 试归纳一下本实验如何体现相似原理的应用。

4.6 相变换热实验

4.6.1 实验仪器设备简介

本实验在制冷压缩机实验台来完成。实验台上安装一套单级封闭式制冷压缩机系统，如图 4-19 所示，其水冷却系统如图 4-20 所示。制冷剂工质采用 R12，各测温点均用铜电阻温度计测量，液晶数显温度。

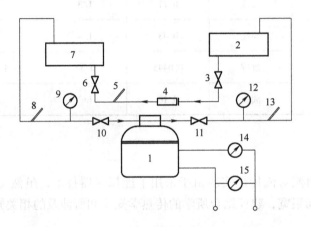

图 4-19 单级封闭式制冷压缩机系统简图

1—压缩机　2—冷凝器　3—截止阀　4—干燥过滤器　5—过冷温度计　6—节流阀　7—蒸发器
8—吸气温度计　9—吸气压力表　10—吸气阀　11—排气阀　12—排气压力表
13—排气温度计　14—电流表　15—电压表

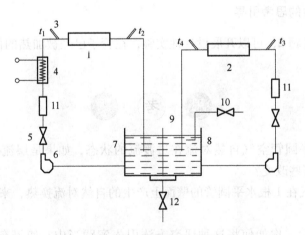

图 4-20 水冷却系统简图

1—蒸发器　2—冷凝器　3—温度计　4—加热器　5—阀门　6—水泵　7—蒸发器水箱　8—冷凝器水箱
9—出水管　10—注水管　11—流量计　12—排水管

4.6.2 实验课程内容

1. 实验目的

1）了解制冷机上的热交换设备结构与性能。

2）掌握相变换热的原理及应用。

2. 实验原理

具有相变热交换的设备，常见的有蒸气压缩制冷循环中的蒸发器和冷凝器，以及一些辅助的热交换器。蒸发器和冷凝器是制冷机上不可缺少的重要部件，其结构形式有多种。

（1）蒸发器 蒸发器的作用是输出冷量，制冷剂在蒸发器内吸热汽化。蒸发器按制冷剂在蒸发器内的充满程度和蒸发情况分类，可以分为干式蒸发器、再循环式蒸发器和满液式蒸发器。所谓干式蒸发器为制冷剂在管内一次完全汽化的蒸发器。

干式蒸发器如图 4-21 所示，经过膨胀阀的制冷剂从管子的一端进入蒸发器，吸热汽化，并且到达管子的另一端时完全汽化。在管子外部的被冷却介质一般为载冷液体或空气。故干式蒸发器又分为冷却液体型和冷却空气型两种。而在这两种类型中，通入制冷剂的管子，有的是光管，有的是肋片管。一般制冷装置中的蒸发器采用紫铜管盘管式，载冷液体为水，制冷剂在管内流动，水在管外流动，二者为逆流换热。制冷剂在蒸发管内吸热汽化，包括两个过程，即蒸发和沸腾，蒸发是指在一定温度下制冷剂液体的外露界面上不断汽化的过程。沸腾是

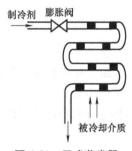

图 4-21 干式蒸发器

在一定温度下，蒸气不仅仅由液体表面产生而且大部分来自液体的内部，在液体内部形成许许多多蒸气泡，并迅速上升突破液体表面转化为气体的过程。沸腾是在蒸气侧蒸气分压力等于饱和蒸气分压力时进行的，此时的温度称为"沸点"，沸点随着气体侧蒸气分压力降低而降低。在蒸发器中主要进行的传热过程是沸腾过程。制冷剂从进入蒸发器到离开蒸发器，是经过由液体到气体的相变过程，其平均蒸发温度不变，而载冷剂水的温度由高变低，这正说明蒸发器具有输出冷量的作用。

（2）冷凝器 具有高温高压的制冷剂蒸气在冷凝器中释放热量，凝结成饱和液体和过冷液体。冷凝器按冷却方式可分为空气冷却式冷凝器、水冷式冷凝器、蒸发式和淋激式冷凝器 3 种。

本装置的冷凝器为水冷式冷凝器，水冷式冷凝器有光管式、套管式和沉浸式等几种。实验中该冷凝器为壳管式冷凝器，如图 4-22 所示，其结构、换热形式与蒸发器均相同。实际上制冷剂在冷凝器中从气态到液态的液化过程，包括冷却和冷凝两种过程。首先是高温高压的过热蒸气将部分热量释放给管外的冷却介质水，在等压下变成饱和蒸气，即为冷却过程；然后在等温等压下继续放热，直至冷凝成饱和液体，这一过程为相变冷凝过程。

图 4-22　制冷剂与水的换热方式及结构简图

3. 相变换热对数平均温差和温度变化特征

对于蒸发器和冷凝器这两种有相变的热交换器，由于冷热流体沿传热面进行热交换，其温度沿流动的方向不断变化，故冷热流体间的温差也在不断地变化。为此，相变换热一般仍取对数平均温差作为传热计算的依据。

对数平均温差的计算公式为

$$\Delta \bar{t} = \frac{\Delta t_{\max} - \Delta t_{\min}}{\ln \dfrac{\Delta t_{\max}}{\Delta t_{\min}}} \tag{4-49}$$

式中，$\Delta t_{\max}$ 是冷热流体间两端温差的最大值，单位为℃；$\Delta t_{\min}$ 是冷热流体间两端温差的最小值，单位为℃。

相变时两种流体温度变化如图 4-23 所示。

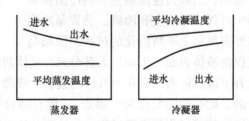

图 4-23　相变换热时冷热流体的温度变化

4. 实验步骤

1）首先熟悉整个实验装置上各部分结构。

2）将水箱充满水并接通电源。

3）开启压缩机：

① 先打开压缩机吸气、排气阀门，因上次停机时已将这两个阀门关闭，以免造成事故。

② 打开压缩机开关，压缩机起动时，如出现不正常响声（液击），应立即停机，过半分钟后再开启压缩机。这样反复几次后，压缩机即可正常运转，如遇机械故障，应停机排除故障后再重新起动。

4）确定合适的工况，R12 全封闭单级压缩机标准工况的参数见表 4-14，该标准工况参数可作为实验工况的参考值（此项工作可由老师协助确定）。

表 4-14 R12 全封闭单级蒸气压缩机标准工况参数

蒸发温度 t_0 /℃	蒸发压力 p_0 /MPa	吸气温度 t_r /℃	吸气压力 p_r /MPa	冷凝温度 t_k /℃	冷凝压力 p_k /MPa
-15	0.183	+15	0.491	+30	0.745

过冷温度 t_w /℃	过冷压力 p_w /MPa	冷凝器传热系数 h_2 /kJ·kg^{-1}	蒸发器传热系数 h_7 /kJ·kg^{-1}	过热蒸气 v_2	
				L/kg	m^3/kg
+25	0.651	357.703	223.65	35.4133	0.0354

5. 实验数据记录及处理

按表 4-15 记录实验数据，实验中将吸气温度作为蒸发器温度，排气温度作为冷凝器温度来处理，取多次实验平均值。

表 4-15 实验数据记录

测量记录	吸气温度 /℃	排气温度 /℃	蒸发器		冷凝器	
			进口水温 t_1 /℃	出口水温 t_2 /℃	进口水温 t_3 /℃	出口水温 t_4 /℃
1						
2						
3						
平均值						

1）根据测试结果求出 $\Delta \bar{t}$，并绘制蒸发器、冷凝器换热温度曲线。

2）用平均值计算出单位时间蒸发器换热量 Φ_s、冷凝器换热量 Φ_1。

① 蒸发器的换热量 Φ_s 等于实际工况下制冷压缩机的制冷量，Φ_s（kW）的计算式为

$$\Phi_s = G_z c_{pz} (t_1 - t_2)$$

式中，G_z 是蒸发器中冷却介质（水）的质量流量，单位为 kg/s；c_{pz} 是蒸发器中冷却介质（水）的定压比热容，单位为 kJ/（kg·℃）；t_1、t_2 分别是蒸发器中冷却介质（水）的进、出口温度，单位为℃。

② 冷凝器换热量 Φ_1（kW）的计算式为

$$\Phi_1 = G_1 c_{pl} (t_4 - t_3)$$

式中，G_1 是冷凝器冷却介质（水）的质量流量，单位为 kg/s；c_{pl} 是冷凝器中冷却介质（水）的定压比热容，单位为 kJ/（kg·℃）；t_3、t_4 分别是冷凝器中冷却介质（水）的进、出口温度，单位为℃。

3）热平衡误差计算。

当制冷压缩机系统达到平衡时，制冷剂在蒸发器中吸收被冷却介质的热量 Φ_s，再加上压缩机压缩所消耗功转化的热量 P_e，从理论上应该等于被冷却介质从冷凝器中带走的热量 Φ_L，即

$$\Phi_s + P_e = \Phi_L \tag{4-50}$$

压缩机压缩所消耗功转化的热量 P_e 是指由原动机传到压缩机主轴上的功率，P_e 的计算式为

$$P_e = \frac{\eta I U}{1000} \tag{4-51}$$

式中，P_e 是压缩机的轴功率，单位为 kW；I 是单级蒸气封闭式制冷压缩机的输入电流，单位为 A；U 是单级蒸气封闭式制冷压缩机的输入电压，单位为 V；η 是单级蒸气封闭式制冷压缩机电动机的传动效率，$\eta = 0.75$。

实际上系统中存在着热平衡误差，其值为

$$\delta_1 = \frac{\Phi_s + P_e - \Phi_L}{\Phi_s} \times 100\% \tag{4-52}$$

或者

$$\delta_2 = \frac{\Phi_L + P_e - \Phi_s}{\Phi_L} \times 100\% \tag{4-53}$$

6. 实验报告

相变换热实验测量记录与实验报告参考格式如下。

(1) 实验条件　主要包括：实验时间（年/月/日）、环境温度 t_a（℃）、大气压力 p_B（Pa 或 mmHg）等。

(2) 数据整理　实际测量的相变换热工况参数记录格式参见表 4-16 和表 4-17。

表 4-16　实验数据记录表（一）

测量次数	吸气温度 t_r'/℃	排气温度 t_k'/℃	蒸发器		冷凝器	
			进水 t_1/℃	出水 t_2/℃	进水 t_3/℃	出水 t_4/℃
1						
2						
3						
4						
5						
6						
平均值						

表 4-17　实验数据记录表（二）

测量次数	吸气压力 p_0'/MPa	排气压力 p_k'/MPa	蒸发器水流量 G_z		冷凝器水流量 G_L		输入电流 I/A	输入电压 U/V
			L/h	kg/s	L/h	kg/s		
1								
2								
3								

（续）

测量次数	吸气压力 p'_0/MPa	排气压力 p'_k/MPa	蒸发器水流量 G_z		冷凝器水流量 G_L		输入电流 I/A	输入电压 U/V
			L/h	kg/s	L/h	kg/s		
4								
5								
6								
平均值								

注：1L/h = 0.000278kg/s。

（3）数据处理

（4）绘制相变温度曲线

（5）讨论与分析

思　考　题

1. 有相变换热器与以往的无相变换热器在传热性能上有哪些不同？
2. 请谈谈有相变的换热器在冶金、装备制造行业等方面的应用及前景。

4.7　中温法向辐射率测量实验

4.7.1　实验仪器设备简介

实验装置示意图如图 4-24 所示。热源腔体具有一个测温热电偶，传导腔体有两个热电偶，受体有一个测温热电偶，它们都可以通过琴键转换开关来切换。

实验视频

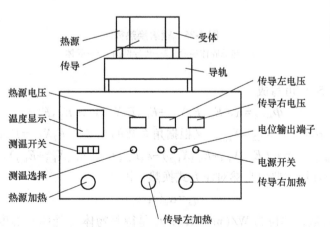

图 4-24　实验装置示意图

4.7.2　实验课程内容

1. 实验目的

1）学习中温辐射物体黑度测试仪的使用方法。

2）测量中温辐射时物体的黑度。

3）通过实验掌握比较法在测量过程中的应用。

2. 实验原理

由 n 个物体组成的辐射换热系统中，利用净辐射法，可以求物体第 i 面的纯换热量

$$\Phi_{\text{net},i} = \Phi_{\text{abs},i} - \Phi_{\text{e},i} = \alpha_i \sum_{k=1}^{n} \int_{F_k} E_{\text{eff},k} X_i(d_k) \, dF_k - \varepsilon_i E_{\text{b},i} F_i \tag{4-54}$$

式中，$\Phi_{\text{net},i}$ 是第 i 面的净辐射换热量，单位为 W；$\Phi_{\text{abs},i}$ 是第 i 面从其他表面的吸热量，单位为 W；$\Phi_{\text{e},i}$ 是第 i 面本身的辐射热量，单位为 W；ε_i 是第 i 面的黑度；$X_i(d_k)$ 是第 k 面对第 i 面的角系数；$E_{\text{eff},k}$ 是第 k 面的有效辐射力，单位为 W/m²；$E_{\text{b},i}$ 是第 i 面的辐射力，单位为 W/m²；α_i 是第 i 面的吸收率；F_i 是第 i 面的面积，单位为 m²。

根据本实验的设备情况，可以认为：

1）热源腔体端面 1 和传导圆筒 2 为黑体。

2）热源腔体端面 1、传导圆筒 2、受体 3，它们表面上的温度均匀（图 4-25）。

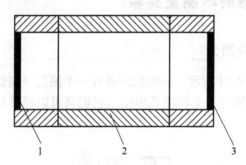

图 4-25　辐射换热简图

1—热源腔体端面　2—传导圆筒　3—受体

因此，式（4-54）可写成

$$\Phi_{\text{net},3} = \alpha_3 (E_{\text{b},1} F_1 X_{1.3} + E_{\text{b},2} F_2 X_{2.3}) - \varepsilon_3 E_{\text{b},3} F_3$$

因为 $F_1 = F_3$；$\alpha_3 = \varepsilon_3$；$X_{3,2} = X_{1,2}$，又根据角系数的互换性 $F_2 X_{2,3} = F_3 X_{3,2}$，则

$$q_3 = \Phi_{\text{net},3} / F_3 = \varepsilon_3 (E_{\text{b},1} X_{1,3} + E_{\text{b},2} X_{1,2}) - \varepsilon_3 E_{\text{b},3} = \varepsilon_3 (E_{\text{b},1} X_{1,3} + E_{\text{b},2} X_{1,2} - E_{\text{b},3}) \tag{4-55}$$

由于受体 3 与环境主要以自然对流方式换热，因此

$$q_3 = \alpha_{\text{d}} (t_3 - t_{\text{f}}) \tag{4-56}$$

式中，α_{d} 是传热系数，单位为 W/(m²·K)；t_3 是待测物体（受体）温度，单位为℃；t_{f} 是环境温度，单位为℃。

由式（4-55）、式（4-56）得

$$\varepsilon_3 = \frac{\alpha_d(t_3-t_f)}{E_{b,1}X_{1,3}+E_{b,2}X_{1,2}-E_{b,3}} \tag{4-57}$$

当热源腔体端面 1 和传导圆筒 2 的表面温度一致时，$E_{b,1}=E_{b,2}$，并考虑到体系 1、2、3 为封闭系统，则

$$X_{1,3}+X_{1,2}=1$$

由此，式（4-57）可写成

$$\varepsilon_3 = \frac{\alpha_d(t_3-t_f)}{E_{b,1}-E_{b,3}} = \frac{\alpha_d(t_3-t_f)}{\sigma(t_1^4-t_3^4)} \tag{4-58}$$

式中，σ 为斯特藩-玻尔兹曼常量，其值为 $5.67\times10^{-8}\mathrm{W/(m^2 \cdot K^4)}$。

物体的辐射率习惯上称为黑度，记为 ε。对不同待测物体（受体）a、b 的黑度 ε 为

$$\varepsilon_a = \frac{\alpha_a(t_{3a}-t_f)}{\sigma(t_{1a}^4-t_{3a}^4)}$$

$$\varepsilon_b = \frac{\alpha_b(t_{3b}-t_f)}{\sigma(t_{1b}^4-t_{3b}^4)}$$

设 $\alpha_a=\alpha_b$，则

$$\frac{\varepsilon_a}{\varepsilon_b} = \frac{t_{3a}-t_f}{t_{3b}-t_f} \times \frac{t_{1b}^4-t_{3b}^4}{t_{1a}^4-t_{3a}^4} \tag{4-59}$$

当 b 为黑体时，$\varepsilon_b\approx1$，式（4-59）可写成

$$\varepsilon_a = \frac{t_{3a}-t_f}{t_{3b}-t_f} \times \frac{t_{1b}^4-t_{3b}^4}{t_{1a}^4-t_{3a}^4} \tag{4-60}$$

3. 实验步骤

本仪器用比较法定量地测定被测物体的黑度，具体方法是通过三组加热器电压的调整（热源一组，黑体腔体二组），使热源和黑体腔的测温点稳定在同一温度上，然后分别将"待测"（受体为待测物体，具有原来的表面状态）和"黑体"（受体仍为待测物体，但表面熏黑）两种状态的受体在相同的温度条件下，分别测出受到辐射后的受体温度，就可按公式计算出待测物体的黑度。

具体步骤如下：

1）将热源腔体和受体腔体（使用具有原来表面状态的物体作为受体）靠近黑体腔体。

2）接通电源，调整热源及黑体腔体左和黑体腔体右的调温旋钮，使其相应的电压表指针调至红点位置，加热 40min 左右，通过测温转换开关，测试热源及黑体腔体左、黑体腔体右的温度，并根据测得的温度，微调相应电压旋钮，使其两点温度尽量一致（步骤1）、步骤2）由教师事先调好）。

3）系统进入恒温厅（各测温点基本接近，且在 5min 内各点温度波动小于 3℃），开始测试受体温度，当受体温度 5min 内小于 3℃，记下一组数据，待测受体实验结束。

4）取下受体，将受体冷却后，用松脂（带有松脂的松木）或蜡烛将受体熏黑，然后重复以上实验，测得第二组数据。

将以上两组数据代入公式（4-57）即可得出待测物体的黑度 $\varepsilon_{\text{受}}$。

4. 注意事项

1) 热源及传导体的温度不可超过 130℃, 热源及传导体调节电压不宜超过 100V。

2) 实验人员在实验过程中不要直接和腔体接触, 以免烫伤。

3) 实验过程中, 热源腔体和"待测物体"的腔体要紧密接触, 不能有缝隙。

4) 实验前, 实验人员需检查待测物体表面及黑体表面, 确保待测物体表面光洁, 否则要用酒精将表面擦净, 确保黑体表面黑度均匀, 否则用蜡烛进行表面熏黑。

5. 计算公式

根据式（4-60）本实验所用计算公式为

$$\frac{\varepsilon_{受}}{\varepsilon_0} = \frac{\Delta t_{受}(T_{源}^4 - T_0^4)}{\Delta t_0(T_{源}'^4 - T_{受}^4)} \tag{4-61}$$

式中, ε_0 是受体为"黑体"时的黑度, 用比较法计算时可近似为 1; $\varepsilon_{受}$ 是受体为"待测物体"时的黑度; $\Delta t_{受}$ 是受体为"待测物体"时与环境的温差, 单位为℃; Δt_0 是受体为"黑体"时与环境的温差, 单位为℃; $T_{源}$ 是受体为"黑体"时热源的热力学温度, 单位为 K; $T_{源}'$ 是受体为"待测物体"时热源的热力学温度, 单位为 K; T_0 是受体为"黑体"时的热力学温度, 单位为 K; $T_{受}$ 是受体为"待测物体"时的热力学温度, 单位为 K。

计算中受体与环境的温差单位可采用摄氏度, 单位为℃; 热源与受体的温度均采用热力学温度, 单位为 K。

6. 实验数据记录及处理

实验数据记录参见表 4-18。

表 4-18　实验数据记录表

序号	热源 $t_{源}'$ /℃	传导/℃		受体光面 $t_{受}$ /℃	热源 $t_{源}$ /℃	传导/℃		受体熏黑 t_0 /℃	室温 t_i /℃
		1	2			1	2		
1									
2									
3									
平均值									

7. 实验报告

实验报告的内容应当包括分析腔体内温度分布情况对实验结果的影响。

思 考 题

1. 分析随着热源温度的升高, 受体黑度的变化规律。

2. 分析热源与受体之间的距离改变对实验结果的影响。

4.8 换热器性能综合测量实验

4.8.1 实验仪器设备简介

能使热流体向冷流体传递热量，满足工艺要求的装置称为换热器。换热器的形式有很多，用途也很广泛。诸如为高炉炼铁提供热风的热风炉，就是一座大型蓄热式陶土换热器；热电厂锅炉上的高温过热器是以辐射为主的高温换热器，而省煤器是以对流为主的交叉流换热器；冶金工厂安装在高温烟道中的热回收装置常用片状管式、波纹管式、插件式等形式的换热器；制冷系统上的冷凝器、蒸发器属于有相变流体的换热器，这类换热器无所谓顺流或逆流；内燃机的冷却水箱属于交叉流间壁式换热器的一种。

实验视频

本实验装置上的列管式、螺旋板式、套管式、板式换热器，都属于间壁式金属换热器，热交换介质为冷热水。

列管式换热器是目前化工及酒精生产中应用最广的一种换热器。它主要由壳体、管板、换热管、封头、折流挡板等组成。列管式换热器可以采用普通碳钢、紫铜或不锈钢进行制作。在进行换热时，一种流体由封头的连接管处进入，在管道中流动，从封头另一端的出口管流出，这称为管程；另一种流体由壳体的接管进入，从壳体上的另一接管处流出，这称为壳程。

列管式换热器有多种结构形式，常见的有固定管板式换热器、浮头式换热器、填料函式换热器及 U 形管式换热器，图 4-26 所示为列管式换热器原理图。

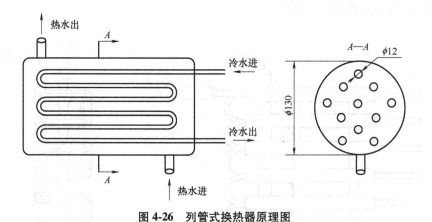

图 4-26 列管式换热器原理图

螺旋板式换热器结构简单而精密，它由两块或四块长金属薄板绕同一个中心卷制而成，板与板之间焊有定距柱，形成了两条或四条间距相同又各自独立的螺旋形流道。螺旋板式换热器的流道呈同心状，同时具有一定数量的定距柱。流体在雷诺数较低时，也可以产生湍流。通过这种优化的流动方式，流体的热交换能力得到了提高，颗粒沉积的可能性下降。

由于流道的几何形状具有很大的灵活性，因此，螺旋板式换热器可以根据已有的条件和需求进行适当的调整。同时,螺旋板式换热器具有比较长的单独流道,可以为许多不易处理的流体提供足够长的热交换距离,这样,流体可以在一个设备中进行完全处理,并且避免了由于流体的突然转向而产生的堵塞问题。

螺旋板式换热器采用单流道结构设计,因此采用化学方法对流道内部进行清洗具有很好的效果。有盖板的螺旋板式换热器,盖板一般都配有钩头螺栓,以便于打开盖板,用机械方式对流道内部进行清洗。而在处理污泥和泥浆的设备上,盖板一般都安装有脚轮或者吊架,这样可以更快捷地打开盖板。图 4-27 所示为螺旋板式换热器原理图。

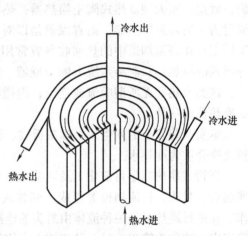

图 4-27　螺旋板式换热器原理图

套管式换热器是以同心套管中的内管作为传热元件的一种换热器。两种不同直径的管子套在一起组成同心套管,每一段套管称为"一程",程的内管(传热管)接 U 形肘管,而外管用短管依次连接成排,固定于支架上。热量通过内管管壁由一种流体传递给另一种流体。通常,热流体由上部引入,而冷流体则由下部引入。

套管中外管的两端与内管采用焊接或法兰连接。内管与 U 形肘管多用法兰连接,便于传热管的清洗和增减。每程传热管的有效长度取 4~7m,这种换热器传热面积最高达 18m^2,故适用于小容量换热。当内外管壁温差较大时,可在外管设置 U 形膨胀节或内外管间采用填料函滑动密封,以减小温差应力。管子可用钢、铸铁、陶瓷或玻璃等制成,若选材得当,它可用于腐蚀性介质的换热。这种换热器具有若干突出的优点,所以至今仍被广泛用于石油化工等工业部门。图 4-28 所示为套管式换热器原理图。

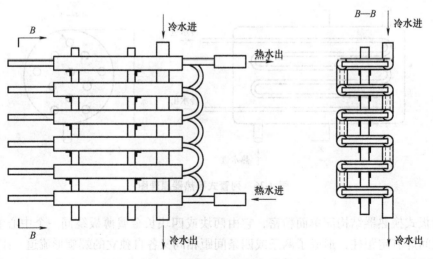

图 4-28　套管式换热器原理图

板式换热器属于高效换热设备。在实际应用中有两种,一种是旋压法制造的伞板式换热器，另一种是冲压法制造的平板换热器。其结构特点如下：体积小、占地面积少，传热效率高，组装灵活，金属消耗量低，热损失小，拆卸、清洗、检修方便，使用安全可靠，有利于低温热源的利用，冷却水量小，阻力损失少，投资效率高。图 4-29 所示为板式换热器原理图。

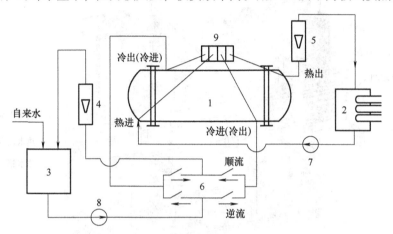

图 4-29　板式换热器原理图

1—板式换热器　2—热水箱　3—冷水箱　4—冷水流量计　5—热水流量计
6—冷水顺逆流换向阀门组　7—热水泵　8—冷水泵　9—电动控制开关

换热器综合实验台装置简图如图 4-30 所示。换热器中使用冷热水交换热量，冷水通过换向阀门组可以任意调整为顺流和逆流形式。热水加热系统采用自动限温和自动控温，冷热水的进出口温度采用数字显示表通过琴键开关转换来测量。换热器综合实验台装置结构图如图 4-31 所示。换热器实验台有关结构参数如表 4-19 所示。

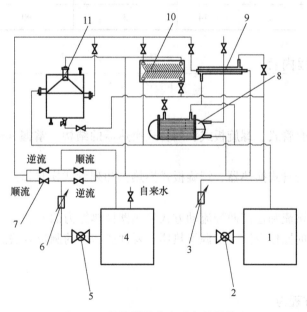

图 4-30　换热器综合实验台装置简图

1—热水箱　2—热水泵　3—热水流量计　4—冷水箱　5—冷水泵　6—冷水流量计　7—冷水顺逆流换向阀门组
8—列管式换热器　9—套管式换热器　10—板式换热器　11—螺旋板式换热器

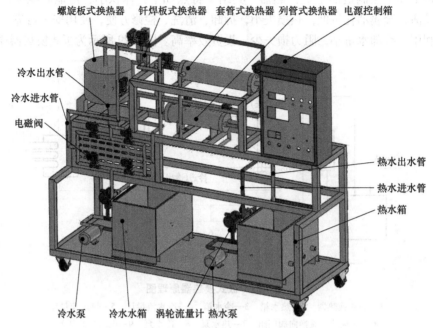

图 4-31　换热器综合实验台装置结构图

表 4-19　换热器的结构参数表

换热器总传热面积/m²				电加热器功率/kW	热水泵	
板式	列管式	螺旋板式	套管式	自动	功率/W	允许水温/℃
0.144	0.5	1	0.14	3	90	<100

4.8.2　实验课程内容

1. 实验目的

1）熟悉板式、套管式、螺旋板式、列管式换热器的结构，掌握其传热性能及测量计算方法。

2）了解和掌握套管式换热器、螺旋板式换热器和列管式换热器的结构特点及其性能的差别。

3）了解和认识顺流和逆流两种流动方式换热器换热能力的差别。

4）学会换热器的操作方法，掌握换热器主要性能指标的测定方法。

2. 实验原理

换热器的传热方程为

$$\Phi = KF\Delta t_{\mathrm{m}} \tag{4-62}$$

热水和冷水热交换平衡方程式为

$$\Phi_{\mathrm{heat}} = \Phi_{\mathrm{cold}}$$

即

$$q_{m,\text{heat}}c_{p,\text{h}}(t_{\text{h1}}-t_{\text{h2}})=q_{m,\text{cold}}c_{p,\text{c}}(t_{\text{c2}}-t_{\text{c1}}) \tag{4-63}$$

式中，Φ 是换热器整个传热面上单位时间的传热量，单位为 W；K 是总传热系数，单位为 W/（$m^2 \cdot ℃$）；F 是总传热面积，单位为 m^2；Δt_{m} 是换热器的平均温差或平均温压，单位为℃；Φ_{heat} 是热水单位时间放热量，单位为 W；Φ_{cold} 是冷水单位时间放热量，单位为 W；$q_{m,\text{heat}}$、$q_{m,\text{cold}}$ 分别是热、冷水的质量流量，单位为 kg/s；$c_{p,\text{h}}$、$c_{p,\text{c}}$ 分别是热、冷水的定压比热容，单位为 kJ/（kg·℃）；t_{h1}、t_{h2} 分别是热水的进、出口温度，单位为℃；t_{c1}、t_{c2} 分别是冷水的进、出口温度，单位为℃。

换热器的平均温差，不论顺流、逆流都可以采用对数平均温差的形式

$$\Delta t_{\text{m}}=\frac{\Delta t_{\text{max}}-\Delta t_{\text{min}}}{\ln \dfrac{\Delta t_{\text{max}}}{\Delta t_{\text{min}}}} \tag{4-64}$$

式中，Δt_{max} 是冷、热水在换热器某一端最大的温差，单位为℃；Δt_{min} 是冷、热水在换热器某一端最小的温差，单位为℃。

以热水放热量为基准，设单位时间热水放热量和冷水吸热量之和的平均值为换热器的整个传热面上的传热量，则

$$\Phi=\frac{\Phi_{\text{heat}}+\Phi_{\text{cold}}}{2} \tag{4-65}$$

热平衡误差

$$\delta=\frac{\Phi_{\text{heat}}-\Phi_{\text{cold}}}{\Phi}\times100\% \tag{4-66}$$

总传热系数

$$K=\frac{\Phi}{F\Delta t_{\text{m}}} \tag{4-67}$$

热、冷流体的质量流量 $q_{m,\text{heat}}$、$q_{m,\text{cold}}$ 是根据浮子流量计读数转换而来的，可以按照以下换算关系利用体积流量 $q_{V,\text{heat}}$、$q_{V,\text{cold}}$ 计算得到质量流量：

$$1\text{L/h}=0.000278\text{kg/s}$$

3. 实验准备

1）熟悉实验台的工作流程和各个仪表的工作原理、使用方法。

2）更换并安装好需要测量的换热器。

3）按顺流或逆流方式调整好冷水换向阀门。

4）热水箱充水至水箱容积的 3/4 左右，冷水箱充满，或连接好自来水进水管。

4. 实验步骤

1）接通电源，将热水箱的手动和自动电加热器全部投入使用。

2）调整控温仪，使加热水温被控制在 70℃以下的某一指定温度。

3）当自动电加热器第一次动作以后，可切断手动电加热器开关，这时水箱加热系统就进入自动控制温度的状态。

4）起动冷水泵，并调整到合适流量，经过一段时间，冷热水热交换达到相对稳定状态。

所谓稳定状态，是指利用琴键开关和温度数字显示表观测换热器冷热水的进出口温度，其不随时间变化的状态。注意测定传热性能曲线时要改变几个冷热水的流量参数。

5）原始数据记录。当状态稳定后，参考表 4-20 的模式记录相关参数。

表 4-20　实验数据记录

换热器形式	热交换形式	测量次数	热流体			冷流体		
			进水 t_{h1} /℃	出水 t_{h2} /℃	流量 $q_{V,\text{heat}}$ /L·h^{-1}	进水 t_{c1} /℃	出水 t_{c2} /℃	流量 $q_{V,\text{cold}}$ /L·h^{-1}
		1						
		2						
		3						
		1						
		2						
		3						

5. 注意事项

1）由于热水泵的性能限制，热水箱内的加热水温一般不要超过 70℃。

2）起动冷水泵后，当切换冷水阀门顺逆流时，要注意先打开某一对阀门通路然后再关闭另一对阀门通路，否则会使水泵出问题。

3）实验结束后首先关闭电加热器，然后再关闭热、冷水泵，5min 后切断全部电源。

6. 测量校核曲线

参见图 4-32~图 4-36。

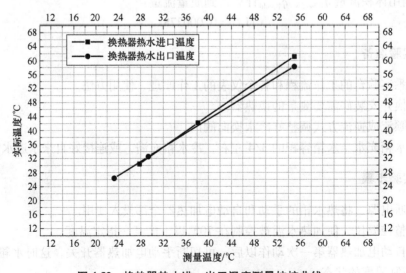

图 4-32　换热器热水进、出口温度测量校核曲线

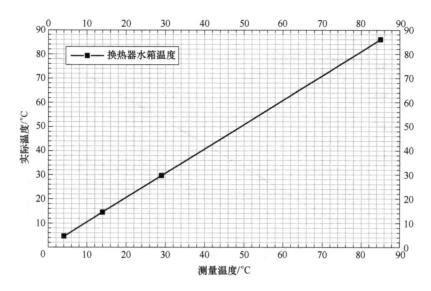

图 4-33　换热器水箱温度测量校核曲线

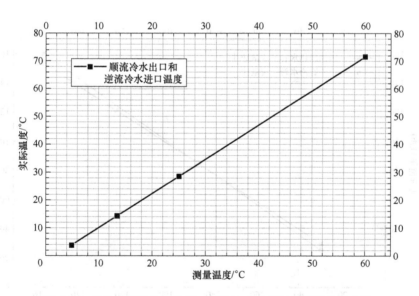

图 4-34　换热器顺流冷水出口、逆流冷水进口温度测量校核曲线

7. 实验报告参考格式

换热器性能测量实验报告与实验记录参考格式如下。

（1）实验条件　主要包括：实验时间（年/月/日）等。

（2）数据记录　原始数据记录格式参见表 4-21。

（3）数据处理

（4）绘制换热器温度分布简图和传热性能曲线（自行附图）

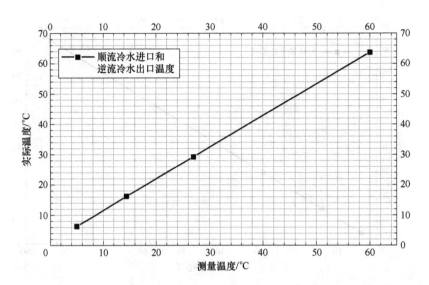

图 4-35　换热器顺流冷水进口、逆流冷水出口温度测量校核曲线

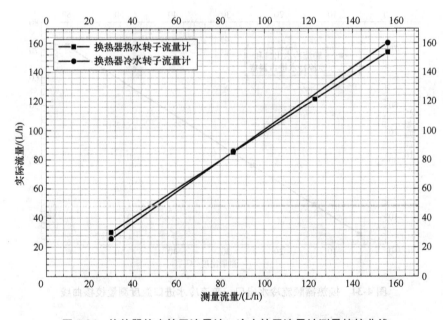

图 4-36　换热器热水转子流量计、冷水转子流量计测量校核曲线

1）以换热器入口和出口位置为横坐标，以温度为纵坐标，绘制换热器顺逆流温度分布简图。

2）以冷水流量为横坐标，以传热系数为纵坐标，绘制换热器传热性能曲线。

3）以热水流量为横坐标，以传热系数为纵坐标，绘制换热器传热性能曲线。

（5）讨论与分析

表 4-21　实验数据记录

换热器形式	热交换形式	测量次数	热流体			冷流体		
			进水 t_{h1} /℃	出水 t_{h2} /℃	流量 $q_{V,heat}$ /L·h^{-1}	进水 t_{c1} /℃	出水 t_{c2} /℃	流量 $q_{V,cold}$ /L·h^{-1}
		1						
		2						
		3						
		1						
		2						
		3						

1. 你曾接触过哪些换热器？它们的结构和性能有什么区别？
2. 增强传热的方法有哪些？

第 **5** 章 流体力学实验

　　流体力学是研究流体在各种力的作用下的平衡（静止）和运动规律的一门科学，是力学的一个重要分支，包含自然科学的基础理论，又涉及工程技术科学方面的应用。流体力学实验在流体力学学科教学中占有重要地位，从学科发展角度看，流体力学是一门技术科学，实验方法是促进其发展的重要研究手段。如今，近代流体力学与古典流体力学日益兼容渗透，理论分析、实验研究和数值计算相结合成为流体力学和工程流体力学的主要研究方法。三个方面互相补充和验证，但又不能互相取代，实验研究仍是检验与深化研究成果的重要手段，现代实验技术的迅猛进展，更促进了近代流体力学的蓬勃发展。

5.1　雷诺实验

　　雷诺数是判定流体流动状态的无量纲数。对圆管流动，其下临界雷诺数一般为2300~2320。小于该临界雷诺数的流体为层流流动状态，大于该临界雷诺数则为湍流流动状态。工程上，在计算流体流动损失时，不同的雷诺数范围，采用不同的计算公式。因此观察测定临界雷诺数，是流体力学实验的重要内容。

实验视频

5.1.1　实验仪器设备简介

　　雷诺实验装置如图 5-1 所示。

　　由图 5-1 可知，水泵将水由供水箱 1 注入定压水箱 5，定压水箱 5 靠溢流来维持自身水位不变。在定压水箱 5 的一侧装有水平放置的实验管道 9，实验管道的末端装有调节阀 12，用以调节出水口的流量。调节阀 12 的下游装有计量水箱 10，关闭计量水箱底部的球阀，用体积法可直接计算出实验管道内的水流量。定压水箱 5 的上部装有色水盒 4，该水盒中的有色试剂通过一个细长的针头注入实验管道 9，从而显示流动轨迹。

5.1.2　实验课程内容

1. 实验目的

　　1）观察圆管内层流、湍流两种流动状态以及二者相互转换的现象。

　　2）测定临界雷诺数，掌握圆管流态判别准则。

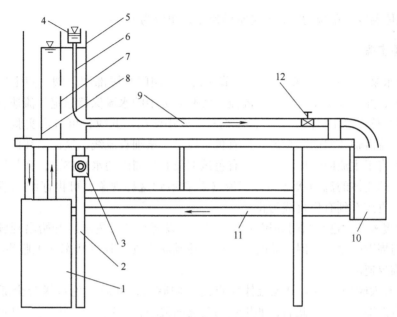

图 5-1　雷诺实验装置

1—供水箱　2—实验台支架　3—电源　4—有色水盒　5—定压水箱　6—有色水盒出水管　7—整流栅
8—溢流板　9—实验管道　10—计量水箱　11—回水管　12—调节阀

2. 实验原理

　　流体在管道中流动有两种状态，分别为层流和湍流。本实验的目的就是学习层流和湍流的本质区别。在实验过程中，保持定压水箱 5 中的水位恒定，即位置水头 H 不变。首先，微开管路末端的调节阀 12，此时管路中的流速较低，流动较为平稳。开启有色水盒上的小阀门，有色试剂就会与水在水平管路中沿轴线同步向前流动，在水中呈现出一条带色水线，带色水线没有与周围的液体混掺，层次分明地在管路中流动，这表明流动质点在垂直于主流方向上没有脉动。此时，流体受到的黏性力较大、惯性力较小，呈现出的流动状态为层流。如果将管路末端的调节阀 12 逐渐开大，管路中的带色水线出现脉动，流体质点还没有出现相互混掺的现象，此时流体的流动呈临界状态。如果将管路末端的调节阀 12 继续开大，出现流动质点的横向脉动，使有色水线完全扩散与水混合，此时流体的流动状态为湍流。

　　圆管中流体流动的雷诺数为

$$Re = \frac{\bar{v}d}{\nu} \qquad (5\text{-}1)$$

其中，$\bar{v}$ 的计算式为

$$\bar{v} = \frac{4q_V}{\pi d^2}$$

ν 的计算式为

$$\nu = \frac{0.01775 \times 10^{-4}}{1 + 0.0337t + 0.000221t^2}$$

式中，$\bar{v}$ 是流体平均流速，单位为 m/s；d 是管道内径，单位为 m；ν 是运动黏度，单位为

m^2/s；t 是流体温度，单位为℃；q_V 是水的流量，单位为 m^3/s。

3. 实验步骤

1) 起动水泵，向定压水箱注水，调节水箱进水阀门和尾部调节阀，使定压水箱的水位达到溢流状态，并始终保持有微小的溢流，实验管道中的水流保持稳定且流速较慢。

2) 开启有色水盒出口阀，使有色试剂从细管中流出。此时，可看到实验管中的有色水线与管中的水流沿轴线向前同步流动，有色水线是一条细直流线，这说明在此流态下，流体的质点没有垂直于主流向的横向脉动，有色试剂没有与周围的水相掺混，而是层次分明地向前流动。此时的流体的流动状态即为层流（若看不到这种现象，可再仔细调节进水阀门和尾部调节阀，直到看到有色直线为止）。

3) 逐渐缓慢开大进水阀门和尾部调节阀，可以观察到有色水线开始出现脉动，但有色试剂还没有与周围的水相掺混。此时，流体的流动状态处于临界状态（上临界点），对应的流速即为上临界速度。

4) 继续开大阀门，即会出现流体质点的横向脉动，继而有色水线会全部扩散与水混合，此时的流态即为湍流。此后，如果把阀门逐渐关小，达到一定开度时，又可以观察到流体的流态从湍流转变到层流的临界状态（下临界点），对应的流速即为下临界速度，继续关小阀门，实验管中会再次出现细直色线，流体的流动状态再次转变为层流。

5) 在上述各种流态下，用计量水箱 10 或量筒测量实验管道出口流体的体积流量。用水银温度计可以测量流体的温度，以明确水的密度。

6) 将测试结果记入实验记录表中，计算上、下临界雷诺数 Re_c。

4. 实验报告

(1) 实验条件　主要包括：实验时间（年/月/日）、环境温度 t_a（℃）、大气压力 p_B（Pa 或 mmHg）、管径 d（m）、水温 t（℃），以及水的密度 ρ（kg/m³）、动力黏度 μ（Pa·s）、运动黏度 ν（m²/s）等。

(2) 数据处理　测量水的温度，查表获得水的密度以及动力黏度，计算得到水的运动黏度。实验数据的记录、整理格式参见表 5-1、表 5-2。

表 5-1　实验数据记录表（一）

序号	储水体积 $\Delta V/m^3$	储水时间 $\Delta t/s$	流量 $q_V/$ $m^3 \cdot s^{-1}$	临界流速 $u_c/$ $m \cdot s^{-1}$	上临界雷诺数 Re_c

平均雷诺数 $\overline{Re_c}$：

表 5-2　实验数据记录表（二）

序号	储水体积 $\Delta V/\mathrm{m}^3$	储水时间 $\Delta t/\mathrm{s}$	流量 $q_V/$ $\mathrm{m}^3 \cdot \mathrm{s}^{-1}$	临界流速 $u_c/$ $\mathrm{m} \cdot \mathrm{s}^{-1}$	下临界雷诺数 Re_c

平均雷诺数 $\overline{Re_c}$：

思　考　题

1. 水温对雷诺数有什么影响？
2. 临界雷诺数是多少？其物理意义是什么？
3. 雷诺数的大小跟什么因素有关？
4. 流态判别为何采用无量纲参数，而不采用临界流速？
5. 为何认为上临界雷诺数无实际意义，而采用下临界雷诺数作为流态的判据？

5.2　伯努利方程的应用

丹尼尔·伯努利在 1726 年提出了"伯努利原理"。这是在流体力学的连续介质理论方程建立之前，水力学所采用的基本原理，其实质是流体的机械能守恒，即动能+重力势能+压强势能＝常数。由于伯努利原理是由机械能守恒推导出的，所以它仅适用于忽略黏度、不可压缩的理想流体。对于具有黏性的实际流体，在流动过程中将克服阻力，使一部分机械能转化为热能而产生不可逆损失，其能量传递和转换规律则遵守实际流体的伯努利方程。

实验视频

5.2.1　实验仪器设备简介

伯努利方程实验装置如图 5-2 所示。由图可知，水泵将水由供水箱 1 注入定压水箱 7，定压水箱 7 靠溢流来维持水位不变。在定压水箱 7 的一侧装有水平放置的实验细管 8 和实验粗管 9，各管段与测压管 10 相连接。实验管段的末端装有调节阀 11，用以调节实验管出水口处的流量。调节阀 11 的下面装有计量水箱 12，关闭计量水箱底部的球阀，用体积法可直接计算出实验管内的水流量。

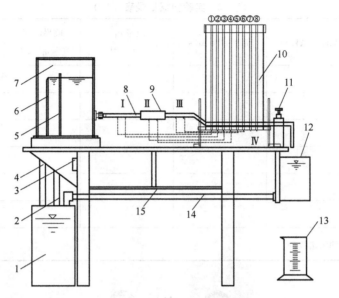

图 5-2　伯努利方程实验装置

1—供水箱　2—上水管　3—电源　4—溢流管　5—整流栅　6—溢流板　7—定压水箱　8—实验细管
9—实验粗管　10—测压管　11—调节阀　12—计量水箱　13—量筒　14—回水管　15—实验台

5.2.2　实验课程内容

1. 实验目的

1）观察流体流经实验管时的能量转化情况，并对实验中出现的现象进行分析，从而加深对伯努利方程的理解。

2）掌握流速、流量、压强等动水力学水力要素的实验测量方法。

2. 实验原理

流体在流动的过程中具有位置高度、压力和速度，也就是说，流体在流动的过程中具有位置势能、压强势能和动能。当不可压缩黏性流体流动时，如果流体只受重力的作用，我们可以在流道上对于任意两个缓变流过流断面，得到黏性流体总流的伯努利方程，即

$$z_1+\frac{p_1}{\rho g}+\alpha_1\frac{\overline{v}_1^2}{2g}=z_2+\frac{p_2}{\rho g}+\alpha_2\frac{\overline{v}_2^2}{2g}+h_{\mathrm{w}} \tag{5-2}$$

式中，z_1、z_2 分别是 1-1 截面和 2-2 截面处的位置水头，单位为 m；p_1、p_2 分别是 1-1 截面和 2-2 截面处的静压力，单位为 Pa；$\overline{v_1}$、$\overline{v_2}$ 分别为 1-1 截面和 2-2 截面处的平均流速，单位为 m/s；α_1、α_2 均是动能修正系数；h_{w} 是 1-1 截面与 2-2 截面之间单位质量流体的能量损失，单位为 m。

流体在流动过程中要克服黏性摩擦力，总流的机械能沿流程不断损失，因此总水头线沿流程不断降低。

流体在流动过程中具有的位置势能、压强势能和动能均可用测压管中的液柱高度表示。

当测压孔正对流体流动方向时，测压管中的液柱高度为速度水头和压强水头（静水头、测压管高度）之和，测压孔处流体的位压头由测压孔的几何高度确定。

3. 实验步骤

1）关闭实验管段出口流量调节阀，打开水泵出口流量调节阀，起动水泵。

2）待定压水箱内的溢流板有一定溢流时，打开实验管段出口流量调节阀至最大，排净管路和测压管中的空气，同时调整水泵出口流量调节阀的开度，使恒压水箱溢流板有一定溢流。

3）关闭实验管段出口流量调节阀，观察 8 个测点的液柱高度是否在同一水平线上（各测点液位高度与定压水箱液面在同一水平线上），读取并记录此时的液柱高度（总水头），以及各测点的位置水头（实验管断面的中心线距基准线的高度）。

4）打开调节阀至一定开度，待液流稳定，且检查恒压水箱的水位恒定后，读取伯努利方程实验管四个截面上的压强水头和总水头高度。与此同时，利用计量水箱测量实验管出水口的流量。

5）改变阀门开度，在新工况下重复步骤 4）。

6）实验结束，关闭水泵。

4. 注意事项

1）不要将水泵出口调节阀开得过大，使恒压水箱的水位不稳定。

2）当出口流量调节阀开大时应检查一下恒压水箱的水面是否稳定，当水面下降时应适当开大水泵出口调节阀。

3）出口流量调节阀须缓慢地关小以免造成流量突然下降，导致测压管中的水溢出管外。

4）注意排除实验导管内的气泡。

5）离心泵不要空转并且不要在水泵出口流量调节阀全关的条件下工作。

5. 实验报告

流体力学实验测量记录与实验报告参考格式如下：

（1）实验条件　主要包括：实验时间（年/月/日）、环境温度 t_a（℃）、大气压力 p_B（Pa 或 mmHg）、管径 d（m）、水温 t（℃）、运动黏度 ν（m^2/s）等。

（2）数据处理　实验数据的记录、整理格式参见表 5-3。

（3）讨论与分析

表 5-3　实验数据记录表

参数	Ⅰ	Ⅱ	Ⅲ	Ⅳ
总水头/mm				
压强水头/mm				
位置水头/mm				
管道流量/$m^3 \cdot s^{-1}$				

（续）

参数	I		II		III		IV	
管道内径/mm	14	14	25	25	14	14	14	14
速度水头/mm								
能量损失/mm								

注：能量损失为各测点与实验管入口之间的能量损失。

思 考 题

1. 什么是伯努利方程？它的物理意义是什么？
2. 举几个伯努利方程的应用例子。

5.3 流体流动阻力系数的测定实验

5.3.1 实验仪器设备简介

图 5-3 所示为多功能水力学实验台简图。由图可知，沿程、局部阻力损失实验装置的结构包括：实验管、测压管、计量箱、水箱、球阀、文丘里管（文丘里流量计）以及各管路上的阀门等。实验采用水作为工质，储存在一个足够大的水箱内，利用离心式水泵实现水路循环。实验时，打开阀 1 及其他循环管路的阀门时，水箱里的水会经过水泵流入管路，并利用流量计或计量水箱测得水的体积流量。按照管流结构，调节阀门开合，可以控制水的流动路径，为沿程损失和局部损失计算提供支

实验视频

撑。例如，通过调节阀门，可控制水在测点 3 和测点 4 之间的流动，计算细管沿程阻力损失（也称摩擦阻力损失）；同理，也可控制水在测点 5 和测点 6 之间的流动，计算局部阻力损失和沿程阻力损失，具体地，通过控制测点 7 和测点 8 之间球阀的开度，测量该球阀所造成的局部阻力损失。管路中有两个特殊部位：测点 9 和测点 10 之间存在一个突扩管，测点 11 和测点 12 之间存在一个突缩管，在这两个区域可以用相关理论公式计算其局部阻力损失，然后将理论结果与实验结果做比较，验证理论计算的准确性。

5.3.2 实验课程内容

1. 实验目的

1）测定水流过有机玻璃管路几种结构处的局部阻力系数和沿程阻力系数，掌握管流中流动阻力的测试与计算方法。

2）比较各种管路结构的流动阻力大小，将实测阻力系数值与文献资料值相对比，验证伯努利方程，加深对阻力损失产生机理及变化规律的认识。

3）思考减小流动阻力的方法，提高实际应用的能力。

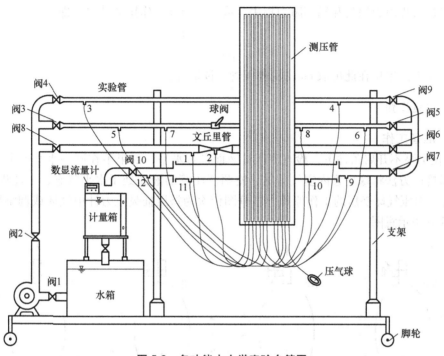

图 5-3　多功能水力学实验台简图

2. 实验原理

当流体在管路中流动时，不同的流体层之间或流体与管壁之间存在摩擦，产生不可逆的机械能消耗，称为沿程阻力损失 h_f，其计算公式为

$$h_f = \lambda \frac{L}{d} \frac{\bar{v}^2}{2g}$$ (5-3)

式中，λ 是沿程阻力系数（或摩擦阻力系数），流体流动性质对摩擦阻力的影响反映在此系数中；L 是计算沿程阻力的管道长度，单位为 cm；d 是管道的当量直径，单位为 cm；$\bar{v}$ 是管内平均流速，单位为 m/s。

当管流通道形状发生变化时（如扩张、收缩、节流受阻或转弯等），流体流动的状态也随之发生变化。这时，管内流场重新分布，流体内各质点之间，以及流体与管壁之间互相撞击，因而产生部分能量损失，这就是局部阻力损失，该损失也是不可逆的。局部阻力损失的大小与流体的流动速度、管路的变化情况有关。局部阻力损失 h_j 的计算公式为

$$h_j = \zeta \frac{\bar{v}^2}{2g}$$ (5-4)

式中，ζ 是局部阻力系数。

在实验过程中，需要测出流体的流动速度和压差阻力，在此基础上，即可通过实际流体总流伯努利方程确定阻力系数。实际流体总流伯努利方程表达式为

$$z_1 + \frac{p_1}{\rho g} + \alpha_1 \frac{\bar{v}_1^2}{2g} = z_2 + \frac{p_2}{\rho g} + \alpha_2 \frac{\bar{v}_2^2}{2g} + h_w$$ (5-5)

式（5-5）中的 h_w 便是两测点之间的水头损失。取 $z_1 = z_2$，$\alpha_1 = \alpha_2 = 1$，根据管流结构，

可以确定是沿程阻力损失和局部阻力损失，或是二者同时作用的结果，即

$$h_{w} = \frac{p_1 - p_2}{\rho g} + \frac{\bar{v}_1^2 - \bar{v}_2^2}{2g} \tag{5-6}$$

水头损失的单位在此可取 cm，从测压管中读取计算。

3. 实验步骤

（1）准备工作

1）在水泵不开启条件下，检查测压计液面是否水平，如果不在同一水平面上，必须通过压气球挤压方法将橡皮管内空气排尽，使两测压管的液面处于水平状态，方能进行实验。图 5-4 所示为压气球挤压的工作原理，各分图依次为挤压抽吸压力计中气体或调整压力计水平位置的方法示意图。

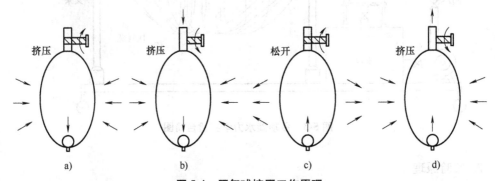

图 5-4　压气球挤压工作原理

2）阀门 2 为实验阀门，可先调至较小开度。

3）测点 2 为文丘里管收缩断面，经常处于负压状态，实验前应将连接胶管灌满水，才能进行实验，否则容易造成吸气。

（2）开始实验

1）开启实验管两侧的阀门，关闭旁路阀门，打开水流出口处的通路阀门。

2）接通电源，按数字流量计说明，设定水箱的储水体积为 25L 或 35L，　经设定，就不要再变。按设置键，屏幕显示 0000.00，稍等一会，屏幕显示 0000.0L，才可以打开水泵按钮，水进入计量箱，水位上升，下浮子浮起，自动开始计时。水位继续上升，上浮子浮起时，计时停止，屏幕显示流量，这时必须马上关闭水泵按钮，在关闭水泵按钮之前，需要记录好所测两点的压力表液位值，即可计算两测点间的水头损失 Δh。

测量中，注意缓慢改变阀门 2 的开度，测量相应水流量下的各测点水头损失。如测压管中液位降得太低，可关小出水阀门，使液位升高；当测压计中液位太高、喷出时，可用压气球加压，压低液位。如出现测压管冒水现象，可把出水阀门 10 全开，或关闭水泵重做。

4. 实验报告

沿程、局部阻力损失实验测量记录与实验报告参考格式如下：

（1）实验条件　主要包括：实验时间（年/月/日）、环境温度 t_a（℃）、大气压力 p_B（Pa 或 mmHg）等。

（2）数据处理

实验数据的记录、整理格式参见表 5-4~表 5-9。

（3）讨论与分析

（4）阻力系数的参考值

$\lambda_{3\text{-}4} = 0.03 \sim 0.055$，$\lambda_{5\text{-}7} = \lambda_{8\text{-}6} = 0.04 \sim 0.055$，$\zeta_{7\text{-}8} = 1.5 \sim 3.0$，$\zeta_{9\text{-}10} = 0.2 \sim 1.0$，$\zeta_{11\text{-}12} = 1.2 \sim 3.0$。

表 5-4　沿程阻力损失 $h_{f3\text{-}4}$

序号	3 点总水头 h_3/cm	4 点总水头 h_4/cm	水头差 h_w/cm	流量 $q_V/\text{cm}^3 \cdot \text{s}^{-1}$	流速 $\bar{v}$ $/\text{m} \cdot \text{s}^{-1}$	沿程阻力系数 λ
1						
2						
3						

表 5-5　沿程阻力损失 $h_{f5\text{-}7}$

序号	5 点总水头 h_5/cm	7 点总水头 h_7/cm	水头差 h_w/cm	流量 $q_V/\text{cm}^3 \cdot \text{s}^{-1}$	流速 $\bar{v}$ $/\text{m} \cdot \text{s}^{-1}$	沿程阻力系数 λ
1						
2						
3						

表 5-6　局部阻力损失 $h_{f7\text{-}8}$

序号	7 点总水头 h_7/cm	8 点总水头 h_8/cm	水头差 h_w/cm	流量 $q_V/\text{cm}^3 \cdot \text{s}^{-1}$	流速 $\bar{v}$ $/\text{m} \cdot \text{s}^{-1}$	局部阻力系数 ζ
1						
2						
3						

表 5-7　沿程阻力损失 $h_{f8\text{-}6}$

序号	8 点总水头 h_8/cm	6 点总水头 h_6/cm	水头差 h_w/cm	流量 $q_V/\text{cm}^3 \cdot \text{s}^{-1}$	流速 $\bar{v}$ $/\text{m} \cdot \text{s}^{-1}$	沿程阻力系数 λ
1						
2						
3						

表 5-8　局部阻力损失 $h_{j9\text{-}10}$

序号	9 点总水头 h_9/cm	10 点总水头 h_{10}/cm	水头差 h_w $/\text{cm}$	流量 q_V $/\text{cm}^3 \cdot \text{s}^{-1}$	流速 u_9 $/\text{m} \cdot \text{s}^{-1}$	9 点速度水头/cm $(u_9^2/2g)$	流速 u_{10} $/\text{m} \cdot \text{s}^{-1}$	10 点速度水头/cm $(u_{10}^2/2g)$	局部阻力损失系数 ζ
1									
2									
3									

表5-9　局部阻力损失 $h_{j11\text{-}12}$

序号	11点总水头 h_{11}/cm	12点总水头 h_{12}/cm	水头差 h_w/cm	流量 q_V /cm^3·s^{-1}	流速 u_{11} /m·s^{-1}	11点速度水头/cm ($u_{11}^2/2g$)	流速 u_{12} /m·s^{-1}	12点速度水头/cm ($u_{12}^2/2g$)	局部阻力损失系数 ζ
1									
2									
3									

思 考 题

1. 怎样运用伯努利方程，理解测量水头损失的方法？
2. 沿程阻力和局部阻力是两点的水头差值还是一点的水头值？
3. 沿程阻力系数 λ 和局部阻力系数 ζ 与流速大小有关吗？
4. 理解一段管路间的总水头损失，在可能的条件下如何减小流动阻力损失？
5. 在逆境中向目标前进，犹如逆水行舟，要付出更大的努力和更多的艰辛，才可能成功。但逆境只是增大了人们向理想、目标前进的难度，而不是剥夺了为理想目标奋斗的权力和实现理想目标的可能性。事物常具有两面性，在逆境中向理想目标奋斗，可能会有顺境中难以得到的收获。流体的阻力就像是人生的逆境，要充分地进行分析，请根据计算结果分析沿程水头阻力和局部水头阻力的大小，为以后的工程设计奠定理论基础。

5.4　离心泵性能测定实验

5.4.1　实验仪器设备简介

图 5-5 所示为 HY-020 型离心泵综合实验台。由图可知，实验台不同的管路上安装有阀门。通过切换阀门可使 A、B 两个单泵组成各单项实验系统：①打开阀门 1、2、3，关闭阀门 4、5、6，可实现单泵实验；

实验视频

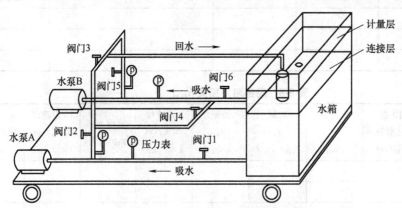

图 5-5　HY-020 型离心泵综合实验台

②关闭阀门 3、6，打开其他阀门，可实现双泵串联；③关闭阀门 4，打开其他阀门，则可实现双泵并联实验。

5.4.2 实验课程内容

1. 实验原理

式（5-7）为理想流体一维总流的伯努利方程。其中，z 为位压头，表示单位质量流体在某位置高度上所具有的位能；$p/\rho g$ 为静压头，表示单位质量流体压力转化成的水头高度；$\bar{v}^2/2g$ 为动压头，又称速度水头，表示具有一定速度的单位质量流体能够自由冲上的高度。静压头、动压头、位压头三种压头之和称为总压头（或全压头）。

$$z+\frac{p}{\rho g}+\frac{\bar{v}^2}{2g}=C \tag{5-7}$$

单位质量的水通过水泵后所获得的能量称为水泵的扬程，用 H 表示，单位为 m。同时，水在管路流动中会存在水头损失，这些损失会转化成热能耗散掉。因此，对实际管流系统应用伯努利方程时，需要将两截面间的能量损失计入终了截面的总能量之中。

水泵在单位时间内所排出水的体积，称为水泵的体积流量，用符号 q_V 表示，单位为 m³/s 或 m³/h。水泵在不同的流量下工作时，产生不同的扬程 H，H 与 q_V 的关系如图 5-6 的特性曲线所示。水泵运行时流量 q_V 和扬程 H 究竟是特性曲线上的哪一点，则要由与水泵相连接的管路特性来决定。

通过 HY-020 型离心泵综合实验台，可以开展水泵性能实验、水泵串联实验和并联实验。

2. 单泵性能实验

单泵性能实验是离心泵实验的基础，主要内容是在定转数下测定泵的扬程 H、轴功率 P_s、效率 η 随流量 q_V 的变化规律，并绘制出性能曲线。

（1）流量测试 采用体积法测量流量值 q_V（m³/s），由仪表示出，或自行简易测量。

（2）扬程测试 就水泵 A 来说，取其入口阀门 1 处为 1-1 截面，取阀门 2 处为 2-2 截面，令 1-1 截面为基准面，建立两个截面的伯努利方程，则有

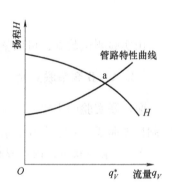

图 5-6 泵的扬程 H 与流量 q_V 的关系曲线

$$z_1+\frac{p_1}{\rho g}+\alpha_1\frac{\bar{v}_1^2}{2g}+H=z_2+\frac{p_2}{\rho g}+\alpha_2\frac{\bar{v}_2^2}{2g}+h_w \tag{5-8}$$

式中，z_1、z_2 分别是 1-1 截面和 2-2 截面的位置水头，单位为 m；H 是水泵的扬程，单位为 m；p_1、p_2 分别是 1-1 截面和 2-2 截面的静压力，即水泵入口的真空压力和水泵出口的压力，单位为 Pa；$p_1/\rho g$、$p_2/\rho g$ 分别是 1-1 截面和 2-2 截面的压强水头，单位为 m；h_w 是 1-1 截面和 2-2 截面的阻力损失，单位为 Pa；α_1、α_2 均是动能修正系数；$\dfrac{\bar{v}_1^2}{2g}$、$\dfrac{\bar{v}_2^2}{2g}$ 分别是 1-1 截面和 2-2 截面的速度水头，单位为 m。

由于 $\bar{v}_1 = \bar{v}_2$、$z_1 = 0$、$z_2 = z$，$\alpha_1 = \alpha_2 = 1$，因此

$$H = \frac{p_2 - p_1}{\rho g} + z + h_{\mathrm{w}} \tag{5-9}$$

式中，z 是水泵出口压力表中心处至入口截面的高度，$z = 0.73\mathrm{m}^{\ominus}$。

忽略 1-1 截面和 2-2 截面的阻力损失 h_{w} 后，由式（5-9）可得泵的扬程为

$$H = \frac{p_2 - p_1}{\rho g} + z \tag{5-10}$$

注意，泵入口的真空压力 p_1 本身为负值。取真空压力 p_1 的绝对值后，式（5-10）即为

$$H = \frac{p_2 + |p_1|}{\rho g} + z \tag{5-11}$$

（3）电动机轴功率测试

$$P_{\mathrm{s}} = \eta_1 P \tag{5-12}$$

式中，η_1 是电动机效率，参照额定值，可取 $\eta_1 = 0.79^{\ominus}$；P 是电动机输入功率，功率表显示值，单位为 kW；P_{s} 是电动机轴功率，单位为 kW。

（4）水泵有效功率和效率测试　　水泵有效功率 P_{e} 的计算式为

$$P_{\mathrm{e}} = \rho g H q_V \tag{5-13}$$

式中，q_V 是水泵流量，单位为 m^3/s。

水泵效率 η 的计算式为

$$\eta = \frac{P_{\mathrm{e}}}{P_{\mathrm{s}}} \tag{5-14}$$

由实验测试数据，可以整理出单泵 q_V-H、q_V-P_{s}、q_V-η 曲线。

3. A、B 泵串联实验

泵串联实验的主要内容是在固定的转速下，测试 A、B 泵串联机组的流量 q_V、扬程 H，绘制性能曲线 q_V-H。其中，q_V 是仪表直接显示出的流量，单位为 m^3/s。

A、B 泵串联时，扬程 H 的计算式为

$$H = \frac{p_2' + |p_1|}{\rho g} + z' \tag{5-15}$$

式中，p_2' 是 B 泵出口处的压力，单位为 Pa；z' 是 A 泵出口压力表中心处至 B 泵入口截面的高度，$z' = 0.4\mathrm{m}^{\ominus}$。

在同一流量下，将串联水泵的 q_V-H 性能曲线与单泵 q_V-H 性能曲线的叠加结果相比较，分析串联水泵的 q_V-H 性能低于单泵 q_V-H 性能叠加的原因，明确串联 A、B 泵之间连接管路的水头损失问题。

4. A、B 泵并联实验

泵并联实验的主要内容是在固定转速下，测量 A、B 泵并联机组流量 q_V、扬程 H，绘制

$\ominus$　作者实验室数据，供参考。

性能曲线 q_V-H。

A、B 泵并联时，扬程 H 的计算式为

$$H = \frac{p_2' + |p_1|}{\rho g} + z \tag{5-16}$$

式中，z 是 A 泵或 B 泵出口压力表中心处至自身入口截面的高度，单位为 m。

将并联机组性能曲线 q_V-H 与单泵 q_V-H 曲线在同一流量下扬程叠加所得的串联性能曲线相比较，分析并联机组 q_V-H 性能与单泵 q_V-H 性能的差异，明确并联 A、B 泵之间连接管路的水头损失问题。

5. 实验步骤

1）单泵实验。

① 关闭阀门 4、5、6，全开阀门 1、2、3，组成单泵 A 实验系统。

② 起动水泵。

③ 全开出口阀门，待运行稳定后，关闭计量水箱底部放水阀，记录流量计、压力表、真空表、功率表指示值。

④ 逐次关小泵出口阀门 2，调小流量，重复前述测试过程（1~5 次）并记录。

⑤ 实验结束后停泵，切断电源。

同理：

① 关闭阀门 1、2、3、4，全开阀门 5、6，组成单泵 B 实验系统。

② 起动水泵。

③ 待运行稳定后，关闭计量水箱底部放水阀，记录流量计、压力表、真空表、功率表指示值。

④ 逐次关小泵出口阀门 5，调小流量，重复前述测试过程（1~5 次）并记录。

⑤ 实验结束后停泵，切断电源。

2）串联实验。

① 关闭阀门 3、6，打开阀门 1、2、4、5，组成 A（前泵）、B（后泵）两泵串联实验系统。

② 起动水泵。

③ 待运行稳定后，关闭计量水箱底部放水阀，记录流量计、前泵入口真空表和后泵出口压力表的显示值。

④ 再逐次关小后泵出口阀门 5，调小流量，重复前述实验过程并记录。

⑤ 实验结束后停泵，切断电源。

3）并联实验。

① 关闭阀门 4，打开阀门 1、2、3、5、6 组成双泵 A、B 并联实验系统。

② 同时全开 A、B 两泵入口阀门 1、6，起动两泵。

③ 适度调节 A、B 两泵出口阀门 2、5，使两泵扬程相等。

④ 待运行稳定后，关闭计量水箱底部放水阀，记录流量计和压力表的显示值。

⑤ 重复前述实验过程。

⑥ 实验结束后停泵，切断电源。

4）在实验过程中，始终保持泵入口阀门开度不变，不可以用泵入口阀门来调节流量，

只能用泵出口阀门调节流量。

5）流量阀门开关逆时针旋转为打开、开大，顺时针旋转为关小、关闭。调节流量时一定要从小到大去尝试调节，否则会导致具有强大压力的水流从返流管喷出，喷射水溅到电源开关上会造成人身危险！

6）在实验系统运行过程中，严禁触摸泵。

6. 实验报告

离心泵性能测定实验测量记录与实验报告参考格式如下：

（1）实验条件 主要包括：实验时间（年/月/日）、环境温度 t_a（℃）、大气压力 p_B（Pa 或 mmHg）等。

（2）数据处理 将实验数据记录在表 5-10 中，然后利用这些数据进行计算，即可得到所需的水泵性能基本参数。

（3）讨论与分析

表 5-10 实验数据记录表

水泵运行工况	水泵入口压力 p_1/MPa	水泵出口压力 p_2/MPa	水槽内液位高度 h/m	运行时间 τ/s	水槽内液体体积 V/m³	水泵体积流量 q_V/m³·s⁻¹	扬程 H/m	水泵有效功率 P_e/kW	水泵效率 η/（%）
A									
A									
A									
A									
B									
B									
B									
B									
AB 串联									
AB 串联									
AB 串联									
AB 串联									
AB 并联									
AB 并联									
AB 并联									
AB 并联									

 思 考 题

1. 离心泵开启前，为什么要先灌水排气？

2. 起动离心泵之前，为什么要先关闭出口阀，待起动后再逐渐开大？而停泵时为什么要先关闭出口阀？

3. 离心泵的特性曲线是否与连接的管路系统有关？

4. 离心泵流量 q_V 越大，则泵入口处的真空度 p_1 越大，为什么？

5. 离心泵的流量 q_V 可由泵出口阀调节，为什么？

6. 为什么用泵的出口阀门调节流量？这种方法有何优缺点？是否还有其他调节流量的方法？

7. 泵起动后，出口阀如果打不开，压力表读数是否会逐渐上升？为什么？

8. 正常工作的离心泵，在其进口管路上安装阀门是否合理？为什么？

5.5　离心式风机性能测定实验

5.5.1　实验仪器设备简介

图 5-7 所示为离心式风机实验系统示意图。该实验系统主要由离心式风机、温度计、微压计、整流格栅、锥形调节阀、皮托管等设备组成。该实验系统为排气式实验系统。

实验视频

实验系统工作时，风机从周围环境中吸气，气体流经微压计 1 时，会在微压计上显示一个示数，之后流经整流格栅，通过与微压计 2 相连的皮托管可以测量管路此时的风速，最后会经过温度计、锥形调节阀，排入大气。锥形调节阀主要起到控制风机流量的作用，它位置的改变会导致风机功率发生变化，风机功率的示数由功率表示出。

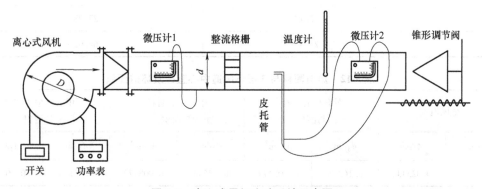

图 5-7　离心式风机实验系统示意图

5.5.2　实验课程内容

1. 实验目的

1）了解离心式风机实验系统的设计，学习和掌握管道中静压力和动压力分布的测量方法。

2）计算与分析离心式风机在一定转速下，风压、轴功率、效率随流量的变化规律，绘制离心式风机性能曲线和无因次性能曲线。

2. 流量测试

风机排风管直径 $d = 180\text{mm}$，将其划分为 3 个等面积的同心环（圆），如图 5-8 所示。取每环面积的等分圆周线为测速点的位置线，以测点的流速作为该环的平均流速，风机排风管截面测速点分布如图 5-8 所示，具体距中心距离 R_i 和距管壁距离 X_i 值见表 5-11，每层环风道中心直径 d_i 和环道面积 A_i 见表 5-12。

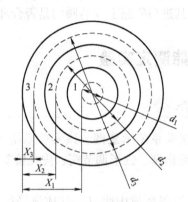

图 5-8　风机排风管截面的测速点

表 5-11　测速点距离

测速点	距中心 R_i/mm	距管壁 X_i/mm
3	81.74	8.26
2	62.72	27.28
1	25.98	64.02

表 5-12　风道面积与 3 层环风道中心直径及环道面积

全风道		外环中心直径 与面积		中环中心直径 与面积		中心圆中心直径 与面积	
d/m	A/m²	d_3/m	A_3/m²	d_2/m	A_2/m²	d_1/m	A_1/m²
0.18	0.025434	0.16348	0.008479	0.12544	0.008479	0.05196	0.008479

已知 3 层环风道面积设置相等，其总风道面积 A 为

$$A = 3A_i \tag{5-17}$$

通过皮托管可以测出某测点的全压与静压之差，即为动压，其计算式为

$$p_{\text{d}i} = \frac{u_i^2}{2}\rho_t \quad (i = 1, 2, 3) \tag{5-18}$$

于是可求得每层测点的流速 u_i 为

$$u_i = \sqrt{\frac{2p_{\text{d}i}}{\rho_t}} \tag{5-19}$$

由式（5-17）和式（5-19），可得到通过风道的流量 q_V 的计算式为

$$q_V = \sum A_i u_i$$

$$= \frac{A}{3}\left(\sqrt{\frac{2p_{d1}}{\rho_t}} + \sqrt{\frac{2p_{d2}}{\rho_t}} + \sqrt{\frac{2p_{d3}}{\rho_t}}\right) \tag{5-20}$$

$$= A\sqrt{\frac{2}{\rho_t}}\left(\frac{\sqrt{p_{d1}} + \sqrt{p_{d2}} + \sqrt{p_{d3}}}{3}\right)$$

式中，p_{d1}、p_{d2}、p_{d3} 分别是各测点的动压，单位为 Pa；ρ_t 是温度 t 下的空气密度，$\rho_t = \rho_0[1/(1+t/273)]$，单位为 kg/m³。

3. 全压测试

由管流的伯努利方程可知风机的全压 p_{to} 即总压力（total pressure）为

$$p_{to} = p_{st} + p_d \tag{5-21}$$

式中，p_{st} 是风道的静压（static pressure），静压在管道截面上变化很小，按管壁测孔测量，单位为 Pa；p_d 是风道的平均动压（dynamic pressure），单位为 Pa。

可以采用 2 种均方根算法来计算 p_d，计算式分别为

$$p_d = \left(\frac{\sqrt{p_{d1}} + \sqrt{p_{d2}} + \sqrt{p_{d3}}}{3}\right)^2 \tag{5-22}$$

或

$$p_d = \frac{1}{\sqrt{3}}\sqrt{p_{d1}^2 + p_{d2}^2 + p_{d3}^2} \tag{5-23}$$

或采用算术平均值来计算 p_d，计算式为

$$p_d = \frac{p_{d1} + p_{d2} + p_{d3}}{3} \tag{5-24}$$

以上 3 个公式均可用于计算风道平均动压。

4. 功率与效率测试

（1）输出轴功率 P_s

$$P_s = P\eta_d \tag{5-25}$$

式中，P 是风机上电动机功率表示值，单位为 kW；η_d 是电动机效率，与电动机负载运行状况有关，为简化计算，参照电动机的额定值取 $\eta_d = 0.75$。

（2）有效功率 P_e

$$P_e = p_{to}q_V \tag{5-26}$$

（3）全效率 η

$$\eta = \frac{P_e}{P_s} \times 100\% \tag{5-27}$$

（4）静压效率 η_{st}

$$\eta_{st} = \eta\frac{p_{st}}{p_{to}} \times 100\% \tag{5-28}$$

5. 无因次系数计算

以运行风机为模型，根据相似原理，由实测性能参数 q_V、P、P_s，计算无因次系数。

（1）流量系数

$$k_V = \frac{q_V}{A_{im} u_{im}} \tag{5-29}$$

式中，A_{im} 是叶轮面积，$A_{im} = \pi D^2/4$，单位为 m^2；u_{im} 是叶轮出口圆周速度，$u_{im} = \pi D n/60$，单位为 m/s；D 是叶轮出口直径，$D = 300mm$ [⊖]；n 是叶轮转速，$n = 1400r/min$ [⊖]。

（2）全压系数

$$k_p = \frac{p_{to}}{\rho u_{im}^2} \tag{5-30}$$

（3）轴功率系数

$$k_P = \frac{P_s}{\rho_t A_{im}^2 u_{im}^3} \tag{5-31}$$

6. 实验步骤

1）检查离心式风机实验系统的完善情况，明确测试内容及仪表示数的读取方法。

2）起动风机，关小排风管锥形调节阀（控制静压 p_{st} 在 700Pa 以下，不要超过仪表量程）。

3）待运行稳定后，方便的方法是从管内向管外方向拉动皮托管的管柄，根据测点位置 X_3、X_2、X_1，分别由压力仪表读取动压 p_{d3}、p_{d2}、p_{d1}，同时读取静压 p_{st} 和离心式风机功率 P 示值并记录。

4）逐次变化锥形调节阀的位置，重复以上步骤并记录，共重复 7～10 次。试验结束，关机，切断电源。

实验中，注意在压力表的量程内设置测量方案，首先调好压力表的零点。本风机系统在高压（380V）、高转速（1400r/min）运行，停机切断电源前，测试人员禁止触摸电动机，注意安全。

7. 实验报告

风机性能实验测量记录与实验报告参考格式如下：

（1）实验条件 主要包括：实验时间（年/月/日）、环境温度 t_a（℃）、大气压力 p_B（Pa 或 mmHg）等。

（2）数据处理 测试数据与计算结果列入表 5-13 和表 5-14，绘制风机性能曲线和无因次性能曲线。

（3）讨论与分析

⊖ 作者实验室数据，供参考。

表 5-13 离心式风机性能实验数据表（一）

序号	实测值								计算值						备注
	静压/Pa p_{sl}	动压/Pa		功率表 P/kW	流量 q_{lV}/m³·s⁻¹	均动压 p_d/Pa	全压/Pa $(p_{to}=p_{sl}+p_d)$	有效功率/kW $(P_e=p_{to}q_V)$	轴功率 P_s /kW	全效率 η （%）	静压效率 η_{st} （%）				
		p_{d1}	p_{d2}	p_{d3}											动压测点距管壁距离 $X_1=8.26$mm $X_2=27.28$mm $X_3=64.02$mm
1															
2															
3															
4															
5															
6															
7															
8															
9															
10															
11															

表 5-14　离心式风机性能实验数据表（二）

序号	实测值			计算值				备注
	流量 q_V /m³·s⁻¹	全压 p_{to} /Pa	轴功率 P_s/kW	全效率 η（%）	流量系数 k_V	压力系数 k_p	功率系数 k_P	动压测点距管壁距离 $X_1 = 8.26$mm $X_2 = 27.28$mm $X_3 = 64.02$mm
1								
2								
3								
4								
5								
6								
7								
8								
9								
10								
11								

思　考　题

1. 分环道测量流量的原理是什么？
2. 结合实验结果定性归纳离心式风机全压、轴功率、效率随流量变化的规律。
3. 通过绘制的无因次性能曲线得出分析结论。

5.6　皮托管的标定实验

5.6.1　实验仪器设备简介

皮托管标定实验是在小型风洞装置上进行的。皮托管标定实验装置的原理图，如图 5-9 所示。

实验视频

整个实验装置为组装式结构，由风机、矩形稳压箱 1、阻尼段 2、维托辛斯基曲线型缩流管 3 等构成。维托辛斯基曲线型缩流管（以下简称为缩流管）出口可以与多种易更换的实验测试段相连接，待标定皮托管 5 和已标定皮托管 6 安装在缩流管下面。风洞流量大小可以通过风机阀杆控制，风机从实验台下部输送空气经过一段垂直的矩形风道，然后 90°转弯，进入矩形稳压箱 1 使流速减慢，再进入阻尼段 2，阻尼段中设置了阻尼网，它由两层细密的钢丝网构成，可以将流体尺度较大的漩涡破碎，再使空气流均匀地进入缩流管段，使气流的不均匀度进一步缩小，最后从矩形管口喷出。

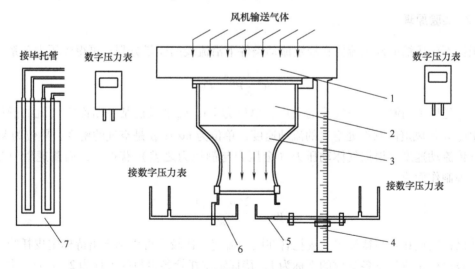

图 5-9　皮托管标定实验装置原理图

1—矩形稳压箱　2—阻尼段　3—维托辛斯基曲线型缩流管　4—三维坐标架　5—待标定皮托管
6—已标定皮托管　7—多管测压计

皮托管（毕托管）也称测速管。图 5-10 所示为 L 型皮托管的结构图，其测速原理请参见相关文献。将一支已标定皮托管和一支待标定皮托管分别安装在缩流管出口，可以用多管压力计测量其压力大小，此处采用数字压力表直接读取其压力。数字压力表既可测量气流的压力（有 Pa 和 mmH$_2$O 两种单位显示），又可测量气流的温度，还可以直接测量风道内气流的流动速度。

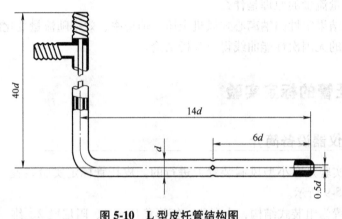

图 5-10　L 型皮托管结构图

5.6.2　实验课程内容

1. 实验目的

1）掌握皮托管测速原理。

2）熟悉并掌握用比较法标定皮托管压力修正系数的方法。

2. 实验原理

根据不可压缩的理想流体在稳定流动条件下沿流线的能量方程，可得到压力关系式为

$$p_{st}+\frac{1}{2}\rho u^2=p_{to} \tag{5-32}$$

式中，p_{to} 是风道内测点处空气流的全压，单位为 Pa；p_{st} 是风道某一断面空气流的静压，单位为 Pa；u 是风道内测点处空气的流动速度，单位为 m/s；ρ 是空气的密度，单位为 kg/m^3。

气体流动速度是根据气体动压力（全压力与静压力之差）获得的，而测速管就是根据这一原理制作而成。

$$u=\sqrt{\frac{2(p_{to}-p_{st})}{\rho}} \tag{5-33}$$

将已标定皮托管与待标定的皮托管在同一流速下比较，可以确定出待标定皮托管的修正系数。设已标定皮托管各参数的下标为 1，待标定皮托管各参数的下标为 2，c 为压力修正系数，则有

$$\frac{1}{2}\rho u_1^2=(p_{to1}-p_{st1})c_1 \tag{5-34}$$

$$\frac{1}{2}\rho u_2^2=(p_{to2}-p_{st2})c_2 \tag{5-35}$$

式中，c_1、c_2 分别是已标定皮托管及待标定皮托管的修正系数。

因 $u_1 = u_2$，故

$$c_2 = c_1 \frac{p_{to1} - p_{st1}}{p_{to2} - p_{st2}} \tag{5-36}$$

当 U 型压力计的工作介质为水时，皮托管所测的全压力与静压力的大小就是其压差高度 h，进而可以得到在标定流速范围内的待标定皮托管的平均压力修正系数

$$c_2 = c_1 \frac{h_1 - h_2}{h_3 - h_4} \tag{5-37}$$

式中，h_1、h_2、h_3、h_4 分别为已标定皮托管及待标定皮托管的全压和静压读数，单位为 mm。

当已标定皮托管及待标定皮托管的全压和静压采用数字式压力表测量时，单位为 Pa，可直接应用式（5-36）计算待标定皮托管的修正系数 c_2。

3. 实验步骤

（1）准备工作

1）按图 5-10 所示安装好实验段。

2）用 U 型压力计测压力时，向多管压力计的存储液罐内装水，并使多管压力计的液位在 150mm 左右，调整测压计倾斜角（即测压计与垂线夹角）$\alpha = 0°$。

3）用数字式压力表测试压力时，将皮托管全压端和静压端用胶管连接到数字压力表，直接读取动压力值。

（2）实验过程

1）取走实验台面上的活动板，将风机阀杆由关闭（扣紧）状态，慢慢拉出 20mm 左右的距离，按下绿色按钮，接通电源，风机将在较小流量下运转。

2）如用 U 型压力计测试动压力时，可将风机阀杆开至最大开度，待测压管液位不再变化时，分别读皮托管静压和全压测压计读数，取液位波动的平均值并记录。

3）根据被标定皮托管要求的流速范围，用同样的方法测量阀门不同开度时，皮托管的静压和全压读数。

4）同一阀门开度最好测量 2 次，取平均值。

5）如用数字压力表测试压力或速度时，可改变风机阀杆位置，直接从数字压力表上读取动压力大小。

6）实验完毕后按下红色按钮，断电停风机。

注意事项：整个实验过程不得对气流进行干扰，如用手阻止气流、记录纸进入实验台面的孔口、移动调节阀门等。

4. 实验报告

皮托管的标定实验测量记录与实验报告参考格式如下：

（1）实验条件　主要包括：实验时间（年/月/日）、环境温度 t_a（℃）、大气压力 p_B（Pa 或 mmHg）等。

（2）数据处理　测试数据与计算结果列入表 5-15 和表 5-16。

（3）讨论与分析

表 5-15　U 型压力计测试记录

序号	已标定皮托管测压计 /mmH₂O		待标定皮托管测压计 /mmH₂O		动压力 /mmH₂O	动压力 /mmH₂O	待标定皮托管 修正系数
	h_1	h_2	h_3	h_4	$h_1 - h_2$	$h_3 - h_4$	c_2
1							
2							
3							
4							
5							
平均							

表 5-16　数字压力表测试记录

序号	已标定皮托管测压计 测得的动压力/Pa	待标定皮托管测压计 测得的动压力/Pa	待标定皮托管修正系数
	$p_{to1} - p_{st1}$	$p_{to2} - p_{st2}$	c_2
1			
2			
3			
4			
5			
平均			

 思 考 题

1. 为什么皮托管可以测静压、全压和动压？通过伯努利方程推导出其测量原理。
2. 用 U 型压力计测压和用数字压力表测压，哪种方法更便于直观理解？
3. 什么是维托辛斯基曲线？

5.7　空气绕流平板边界层的测试实验

5.7.1　实验仪器设备简介

空气绕流平板边界层测试实验是在一个小型风洞装置上进行的。图 5-11 所示为空气绕流平板边界层实验装置原理图。整个实验装置为组装式结构，由风机、矩形稳压箱 1、阻尼段 2、维托辛斯基曲线缩流管 3、平板边界层测试段 4、竖直平板 5、直尺 6、指示灯 7、扁口皮托管 8 等构成。其中，维托辛斯基曲线缩流管出口可以与多种易更换的实验测试段相连接，空气绕流平板边界层测试段则安装于其下侧。

实验视频

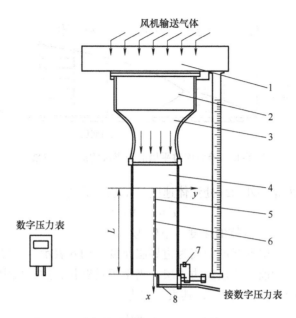

图 5-11　空气绕流平板边界层实验装置原理图

1—矩形稳压箱　2—阻尼段　3—维托辛斯基曲线缩流管　4—平板边界层测试段　5—竖直平板
6—直尺　7—指示灯　8—扁口皮托管

5.7.2　实验课程内容

1. 实验目的

1）测试空气绕流平板边界层内的流速分布，学会用皮托管和数字压力计测量边界层厚度。

2）确定边界层厚度 δ，确定流速分布指数 n，比较流体绕流光滑壁面且为湍流状态时 $n=7$ 的近似规律。

3）计算边界层位移厚度 δ_1、边界层动量损失厚度 δ_2、边界层能量损失厚度 δ_3。

4）绘制三维边界层厚度，加深对平板绕流边界层形成与发展规律的理解。

2. 实验原理

对于黏性流体的流动，不论层流还是湍流，在物体壁面上流体的速度均为零，而在离开壁面较短的距离处，流体速度就与远处来流速度大体相等。因此在壁面附近存在一个速度梯度很大的薄层区域，称为边界层。在边界层以外的区域，称为主流区。主流区流体黏性的影响可以忽略不计。

当空气绕流平板时，由于受到平板的黏附作用，平板与其紧临的空气层保持相对静止；随着流体与壁面之间的距离越来越远，空气流速越来越大，在壁面附近形成了具有较大速度梯度的区域，即边界层。边界层的形成与发展如图 5-12 所示。

严格而言，边界层区与主流区之间无明显界线，通常以速度达到主流区速度的 0.99 倍

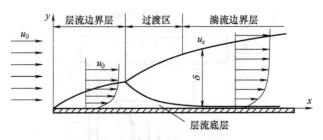

图 5-12　流体流过平板时边界层的形成与发展

作为边界层的外缘，边界层外边缘处流体速度 u_x 的表达式为

$$u_x = 0.99u_0 \tag{5-38}$$

式中，u_0 是边界层外主流区流体的速度，单位为 m/s。

此时，从壁面至边界层外缘的距离为边界层厚度，用 δ 表示。边界层的厚度沿着平板长度而增加，在平板迎流的前段为层流边界层，当平板足够长，边界层中的流态从层流过渡到湍流，判断流态变化的特征值为 Re_x，其表达式为

$$Re_x = \frac{u_0 x}{\nu} \tag{5-39}$$

式中，Re_x 是测试点 x 处的雷诺数；x 是从绕流平板前端到测试位置的纵向坐标（图 5-11），单位为 mm；ν 是 t 温度下空气的运动黏度，单位为 $\mathrm{m^2/s}$。

借助圆管内充分发展的湍流速度分布的 1/7 次方定律 $u = u_{max}\left(\dfrac{y}{R}\right)^{1/7}$，用绕流平板边界层厚度 δ 代替圆管半径 R，可以得到沿平板 x 方向形成湍流时的流速比

$$\frac{u_x}{u_0} = \left(\frac{y}{\delta}\right)^{1/n} \tag{5-40}$$

式中，n 为指数。

亦即

$$u_x = u_0\left(\frac{y}{\delta}\right)^{1/n} \tag{5-41}$$

式中，y 是测试位置距离平板壁面的横向坐标（图 5-11），单位为 mm。

通过对各点流速分布的测试和数据处理，可以确定式（5-40）中指数 n 的大小。根据文献可知，当 $Re_x < 5 \times 10^5$ 时，为层流流动；当 $Re_x > 5 \times 10^5$ 时，为湍流流动。对于流体绕流光滑的壁面并且为湍流状态时，$n \approx 7$。由此可以根据 n 值来计算三种边界层厚度：边界层位移厚度 δ_1、边界层动量损失厚度 δ_2、边界层能量损失厚度 δ_3。

边界层位移厚度 δ_1 是根据实际流体壁面附近存在速度梯度而导致流体流量亏损来计算的，将亏损量折算成无黏性的流量。边界层位移厚度的表达式为

$$\delta_1 = \int_0^\delta \left(1 - \frac{u_x}{u_0}\right)\mathrm{d}y \tag{5-42}$$

积分可得

$$\delta_1 = \frac{\delta}{1+n} \tag{5-43}$$

边界层动量损失厚度 δ_2 是根据实际流体壁面附近存在速度梯度而导致流体动量亏损来计算的，将亏损量折算成无黏性的动量。边界层动量损失厚度的表达式为

$$\delta_2 = \int_0^\delta \frac{u_x}{u_0}\left(1 - \frac{u_x}{u_0}\right)\mathrm{d}y \tag{5-44}$$

积分可得

$$\delta_2 = \frac{n\delta}{(1+n)(2+n)} \tag{5-45}$$

边界层能量损失厚度 δ_3 是根据实际流体壁面附近存在能量损失而导致能量亏损来计算的。边界层能量损失厚度的表达式为

$$\delta_3 = \int_0^\delta \frac{u_x}{u_0}\left(1 - \frac{u_x^2}{u_0^2}\right)\mathrm{d}y \tag{5-46}$$

积分可得

$$\delta_3 = \frac{2n\delta}{(1+n)(3+n)} \tag{5-47}$$

另外，引用波尔豪森最早计算得出的冯·卡门关于层流边界层积分方程的最终解，即层流绕流平板（$Re_x < 5\times10^5$）时，边界层厚度的表达式为

$$\delta = 4.64\sqrt{\frac{\nu x}{u_0}} = 4.64\frac{x}{\sqrt{Re_x}} \tag{5-48}$$

而当湍流绕流平板（$Re_x > 5\times10^5$）时，边界层厚度的表达式为

$$\delta = 0.381\frac{x}{Re_x^{1/5}} \tag{5-49}$$

3. 实验步骤

1）实验前先要熟悉千分尺测量微距的使用方法，顺时针旋转千分尺的把柄会使皮托管靠近平板壁面，逆时针旋转千分尺把柄会使皮托管离开平板壁面，旋转一格为皮托管前进或后退 0.01mm。

2）按照图 5-12 安装好绕流平板边界层实验段，将指示灯一端夹子连接到平板上，另一端夹子连接到扁平嘴的皮托管上，同时将皮托管与数字压力表相连接。

3）接通电源，将流量阀门开到较大位置。

4）根据实验段垂直放置的直尺，确定好空气绕流平板前端的距离 x，慢慢微调千分尺把柄，顺时针旋转使皮托管扁平口接近平板壁面，当皮托管与平板壁面接触时指示灯点亮或闪烁时，表示刚好接触到平板壁面，读取速度值。

5）测试 2 次，即可逆时针旋转千分尺的把柄使皮托管离开平板壁面。其中，前 5 个测点间距为 3 格、后 3 个测点的间距为 5 格，后面的测点间距分别可放大到 15 格、30 格和 50 格，测点总数在 20 个左右。每次测量时，记录测点与平板壁面之间的距离 y 和对应的速度值，当速度不再发生变化时，即到达主流区，此时速度为 u_0。

6）按照式（5-38）计算出该点的速度 u_x，这时再慢慢顺时针旋转千分尺把柄，仔细观察数字压力表，当示数与 u_x 相同时，此时的 y 值即为边界层厚度 δ。

7）下滑平板，改变空气绕流平板前端的距离 x（x 变小，测点向平板前端靠近），重复上述实验步骤。

8）调节风道阀门、改变流量，重复上述实验步骤。

注意事项：整个实验过程不能人为干扰空气流动，包括不经意地接触风道行为；数字压力表的读数会有一定幅度的波动，可以读取 2 个出现次数多的数值后取平均值。

4. 实验报告

本实验测量记录与实验报告参考格式如下：

（1）实验条件 主要包括：实验时间（年/月/日）、机台号、空气流温度 t（℃）、空气运动黏度 ν（m^2/s）、毕托管头部宽度 B（m）等。

（2）数据处理

1）实验数据按表 5-17 记录、整理。

表 5-17 空气绕流平板边界层的综合测试实验数据记录表

序号	测点与平板壁面前端的距离 $x =$ _____ mm；主流速度 $u_x =$ _____ m/s							
	测点与平板壁面距离 y/mm	测点处流体速度 u_x $/m \cdot s^{-1}$	Re_x	δ/mm	y/δ	$\dfrac{u_x}{u_0}$	$\dfrac{u_x}{u_0}\left(1-\dfrac{u_x}{u_0}\right)$	$\dfrac{u_x}{u_0}\left(1-\dfrac{u_x^2}{u_0^2}\right)$
1								
2								
3								
4								
5								
⋮								
19								
20								

2）绘制 $\lg \dfrac{u_x}{u_0}$ 与 $\lg \dfrac{y}{\delta}$ 的关系曲线，确定指数 n 值。

3）运用式（5-43）、式（5-45）、式（5-47）计算各种边界层的厚度。

4）绘制 y 与 $\dfrac{u_x}{u_0}$、y 与 $\dfrac{u_x}{u_0}\left(1-\dfrac{u_x}{u_0}\right)$、$y$ 与 $\dfrac{u_x}{u_0}\left(1-\dfrac{u_x^2}{u_0^2}\right)$ 的关系曲线。

（3）讨论与分析

思 考 题

1. 使用皮托管应该注意什么？

2. 计算边界层厚度的意义有哪些？

3. 如何计算空气的运动黏度？

5.8　气体沿圆柱体绕流时的阻力系数测定实验

5.8.1　实验仪器设备简介

　　圆柱体绕流阻力系数测定实验装置如图 5-13 所示。由图可知，圆柱体绕流阻力系数测定实验装置主要包括风机 1、风量闸板 2、整流装置 3、圆柱体 4、数字微压计 5、风机电源开关 6。打开电源开关，风机就会将气流通过整流装置吹向圆柱体，从而产生尾涡，风量闸板可以控制风量，进而控制尾涡的形成。在圆柱体周围安装有皮托管，皮托管与微压计相连接，可以测量圆柱体周围不同位置的风速，测量结果为计算阻力系数提供数据。

实验视频

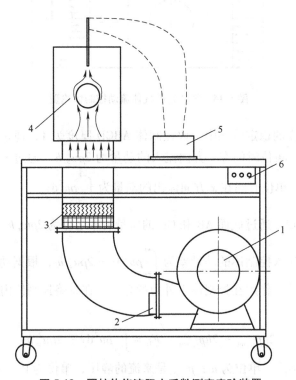

图 5-13　圆柱体绕流阻力系数测定实验装置
1—风机　2—风量闸板　3—整流装置　4—圆柱体　5—数字微压计　6—风机电源开关

5.8.2　实验课程内容

1. 实验目的

　　1）通过实验加深对气体绕过物体流动时产生阻力的理解。

　　2）研究圆柱体后尾涡中的速度分布，并根据动量定理确定在圆柱体上的力和阻力系数。

3）通过测定圆柱体上的压强分布，从而确定阻力系数。

2. 实验原理

气体绕圆柱体流动控制体模型如图 5-14 所示。由图可知，在此控制体内，存在一均匀气流，全压为 $p_{to,int}$、静压为 $p_{st,int}$、流速为 u_∞。当该气流绕过圆柱体流动时，由于黏性作用，在圆柱体表面上会产生附面层。附面层脱离圆柱体后，会在圆柱体后面形成尾流区，气流速度为 u，全压和静压分别为 $p_{to,out}$ 和 $p_{st,out}$。根据动量定理，可以确定气体流过圆柱体时单位长度上所受到的阻力。

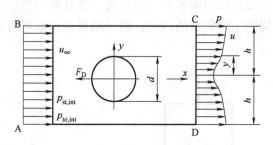

图 5-14　气体绕圆柱体流动控制体模型

在气体密度 ρ 不变的稳定流场中，取控制体 ABCD 厚度为 1，通过 AB 截面流入控制体的质量流率为 $2\rho u_\infty h$，单位时间在 x 方向流入的动量为 $2\rho u_\infty^2 h$。通过 CD 截面流出控制体的质量流率为 $\int_{-h}^{+h} \rho u \mathrm{d}y$，单位时间在 x 方向流出的动量为 $\int_{-h}^{+h} \rho u^2 \mathrm{d}y$。

由连续性条件可知，通过截面 AB 和 CD 的质量流率之差为 $2\rho u_\infty h - \int_{-h}^{+h} \rho u \mathrm{d}y$，而单位时间内 x 方向上流出、流入控制体的动量差为 $\int_{-h}^{+h} \rho u^2 \mathrm{d}y - 2\rho u_\infty^2 h$，根据动量定理，控制体内单位时间动量的变化量等于作用在控制体上外力的总和。在忽略控制体内流体对器壁的摩擦力的条件下，得到

$$2hp_{st,int} - 2hp_{st,out} - F_D = \int_{-h}^{+h} \rho u^2 \mathrm{d}y - 2\rho u_\infty^2 h \tag{5-50}$$

式中，h 是控制体的半高，单位为 m；$p_{st,int}$ 是来流的静压，单位为 Pa；u_∞ 是来流的速度，单位为 m/s；$p_{st,out}$ 是尾流的静压，单位为 Pa；u 是尾流的速度，单位为 m/s；ρ 是气体的密度，单位为 kg/m³；F_D 是作用在圆柱体上的力，单位为 N。

由式（5-50）得

$$F_D = 2\rho u_\infty^2 h - \int_{-h}^{+h} \rho u^2 \mathrm{d}y + 2h(p_{st,int} - p_{st,out}) \tag{5-51}$$

由著名的圆球阻力实验可知，压差阻力和黏性引起的摩擦阻力称为总阻力，总阻力除以迎风面积和来流的动压头为圆球的阻力系数。据此，作用在圆柱体上的外力（即压差阻力，这里忽略了摩擦阻力）除以迎风面积（$d \times 1$）和来流的动压头 $\frac{1}{2}\rho u_\infty^2$ 即为圆柱体的阻力系数

C_D。圆柱体阻力系数的计算式为

$$C_\text{D} = \frac{F_\text{D}}{\frac{1}{2}\rho u_\infty^2 d} = \frac{2}{d}\int_{-h}^{+h}\left(1 - \frac{u^2}{u_\infty^2}\right)\text{d}y + \frac{2h}{d}\frac{p_\text{st,int} - p_\text{st,out}}{\frac{1}{2}\rho u_\infty^2} \tag{5-52}$$

取 $y = \eta h$，当 $y = -h$ 时，$\eta = -1$；当 $y = h$ 时，$\eta = 1$，这时式（5-52）中的积分项为

$$\int_{-h}^{+h}\left(1 - \frac{u^2}{u_\infty^2}\right)\text{d}y = h\int_{-1}^{+1}\left(1 - \frac{u^2}{u_\infty^2}\right)\text{d}\eta \tag{5-53}$$

代回原式整理得

$$C_\text{D} = \frac{2h}{d}\left[\frac{p_\text{st,int} - p_\text{st,out}}{\frac{1}{2}\rho u_\infty^2} + \int_{-1}^{+1}\left(1 - \frac{u^2}{u_\infty^2}\right)\text{d}\eta\right] \tag{5-54}$$

C_D 值还可以通过测定圆柱体表面上的压强分布来确定。如图 5-15 所示，在圆柱体表面上开有一个很小的测压孔，旋转时可测得不同角度时表面上的压强分布，积分后即可求得 C_D 值。

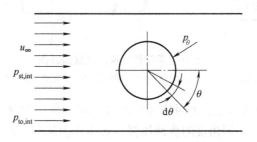

图 5-15　从圆柱体表面测压强的物理模型图

C_D 的计算式为

$$C_\text{D} = \frac{1}{2}\int_0^{2\pi}\frac{p_\theta - p_\text{to,int}}{\frac{1}{2}\rho u_\infty^2}\cos\theta\text{d}\theta \tag{5-55}$$

设

$$C_p = \frac{p_\theta - p_\text{to,int}}{\frac{1}{2}\rho u_\infty^2} \tag{5-56}$$

则

$$C_\text{D} = \frac{1}{2}\int_0^{2\pi}C_p\cos\theta\text{d}\theta \tag{5-57}$$

式中，p_θ 为在 θ 角位置上的测压孔测得的压强，单位为 Pa。

而 $\frac{1}{2}\rho u_\infty^2$ 值由测得来流的全压和静压之差求得，即

$$\frac{1}{2}\rho u_\infty^2 = p_\text{to,int} - p_\text{st,int} \tag{5-58}$$

3. 实验步骤

1）鼓风机从实验台下部输送空气进入一段垂直管道，然后经过 90° 转弯后，进入一矩形稳压箱，接着再进入阻尼段，阻尼段由若干格栅孔组成，起到均匀布流的作用。

2）空气流入收缩管段，在收缩管段出口为均匀分布。圆管绕流段安装在收缩管段下部，如图 5-16 所示。

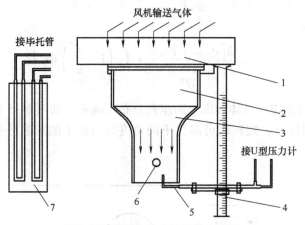

图 5-16　圆管绕流实验装置原理图

1—气体稳压箱　2—阻尼段　3—收缩段　4—三维坐标架　5—毕托管　6—阻流圆管　7—多管测压计

3）在绕流实验段的入口处，通过毕托管测得来流和尾流的速度、压强等参数，同时转动圆柱体，从取压孔测出不同角度的表面压强。各压强值从多管测压计上读取。

注意：该实验装置没有流量测量部分，务必在测量前先打开风量闸板至某一刻度，然后才能接通风机电源开关。

4. 实验报告

本实验测量记录与实验报告参考格式如下：

（1）**实验条件**　主要包括：实验时间（年/月/日）、气流温度 t（℃）、大气压强 p_B（Pa）。

（2）**数据记录**　圆柱体直径 d（mm）、流通截面半宽 h（mm）、毕托管标定系数 c、均匀来流时的全压 $p_{to,int}$（Pa）和静压 $p_{st,int}$（Pa）、尾流的全压 $p_{to,out}$（Pa）和静压 $p_{st,out}$（Pa）、圆柱表面上不同角度时的 p_θ（Pa）等，尾流的压强分布可以参考表 5-18 记录，测量圆柱表面上不同角度时的压强可参考表 5-19 记录。

表 5-18　尾流压强分布记录

y/mm	$\eta = y/h$	尾流全压 $p_{to,out}$/Pa	尾流静压 $p_{st,out}$/Pa
−50	−1		
−40	−0.8		
−30	−0.6		
−20	−0.4		

（续）

y/mm	$\eta = y/h$	尾流全压 $p_{to,out}/Pa$	尾流静压 $p_{st,out}/Pa$
-10	-0.2		
0	0		
10	0.2		
20	0.4		
30	0.6		
40	0.8		
50	1		

表 5-19　圆柱表面上压强分布记录

$\theta/(\degree)$	p_θ/Pa	p_{to}/Pa	p_{st}/Pa
-180			
-160			
-140			
⋮			
0			
⋮			
140			
160			
180			

（3）数据处理

1）利用测得尾流的速度分布来确定绕流阻力系数值。来流动压头计算式为

$$\frac{1}{2}\rho u_\infty^2 = p_{to,int} - p_{st,int} \tag{5-59}$$

同时考虑对毕托管的标定系数 c，则来流速度为

$$u_\infty = \sqrt{\frac{2(p_{to,int}-p_{st,int})c}{\rho}} \tag{5-60}$$

用同样的方法可以计算出尾流的速度分布 u。接下来求出 u/u_∞ 和 $1-(u/u_\infty)^2$，与 $\eta = y/h$ 相对应，将数据整理成表 5-20 并作图。

表 5-20　u/u_∞ 和 $1-(u/u_\infty)^2$ 的数据记录

y/mm	$\eta=y/h$	u/u_∞	$1-(u/u_\infty)^2$
⋮	⋮	⋮	⋮

173

式（5-53）中的 $\int_{-1}^{+1}\left(1-\dfrac{u^2}{u_\infty^2}\right)\mathrm{d}\eta$ 可采用下列方法之一求得：①将图画在坐标方格纸上，用数格的办法求其积分值；②数值计算求积分。

2）利用测得圆柱体表面上的压强分布来确定 C_D 值。计算来流的速度方法同上，再分别计算出 $p_\theta-p_{\mathrm{to,int}}$、$C_p$ 以及 $C_p\cos\theta$，将数据整理成表 5-21 并作图。

表 5-21　圆柱表面阻力系数

$\theta/(°)$	$p_\theta-p_{\mathrm{to,int}}$	$C_p=(p_\theta-p_{\mathrm{to,int}})/(0.5\rho u_\infty^2)$	$C_p\cos\theta$
$0\sim180$			
$\vdots$		$\vdots$	$\vdots$

式（5-54）中的积分值可用上述同样的方法求得。这样，在同一流量下，可以通过尾流速度计算出阻力系数 C_{D1}，也可以通过圆柱体表面上的压强分布计算出阻力系数 C_{D2}。

（4）报告要求

1）说明你所掌握的实验原理和两种测量方法。

2）附上测量原始记录、典型数据计算过程以及全部中间计算结果列表。

3）绘制 $\eta-u/u_\infty$、$\eta-[1-(u/u_\infty)^2]$ 和 $\theta-C_p$、$\theta-C_p\cos\theta$ 曲线。

4）求出两种方法的 C_D 值，进行误差分析。

5）结合分析讨论，写出实验体会。

1. 你通过尾流速度测定的阻力系数和通过圆柱体表面压力测定的阻力系数，二者哪个值可靠些？为什么？

2. 当流动状态为层流或湍流时，所得结果有什么区别？

3. 如果在圆柱体的后面加上一个流线型的尖尾，其阻力是增加还是减小？

4. 如果圆柱体表面很粗糙，其阻力是增加还是减小？

附　录

附表1　铂铑 10-铂热电偶分度表（分度号：LB-3）　　　　（单位：mV）

工作端温度	工作端温度（个位）/℃									
（十、百位）/℃	0	1	2	3	4	5	6	7	8	9
0	0.000	0.055	0.113	0.173	0.235	0.299	0.365	0.432	0.502	0.573
10	0.056	0.061	0.067	0.073	0.078	0.084	0.090	0.096	0.102	0.107
20	0.113	0.119	0.125	0.131	0.137	0.143	0.149	0.155	0.161	0.167
30	0.173	0.179	0.185	0.191	0.198	0.204	0.210	0.216	0.222	0.229
40	0.235	0.241	0.247	0.254	0.260	0.266	0.273	0.279	0.286	0.292
50	0.299	0.305	0.312	0.318	0.325	0.331	0.338	0.344	0.351	0.357
60	0.364	0.371	0.377	0.384	0.391	0.397	0.404	0.411	0.418	0.425
70	0.431	0.438	0.445	0.452	0.459	0.466	0.473	0.479	0.486	0.493
80	0.500	0.507	0.514	0.521	0.528	0.535	0.543	0.550	0.557	0.564
90	0.571	0.578	0.585	0.593	0.600	0.607	0.614	0.621	0.629	0.636
100	0.643	0.651	0.658	0.665	0.673	0.680	0.687	0.694	0.702	0.709
110	0.717	0.724	0.732	0.739	0.747	0.754	0.762	0.769	0.777	0.784
120	0.792	0.800	0.807	0.815	0.823	0.830	0.838	0.845	0.853	0.861
130	0.869	0.876	0.884	0.892	0.900	0.907	0.915	0.923	0.931	0.939
140	0.946	0.954	0.962	0.970	0.978	0.986	0.994	1.002	1.009	1.017
150	1.025	1.033	1.041	1.049	1.057	1.065	1.073	1.081	1.089	1.097
160	1.106	1.114	1.122	1.130	1.138	1.146	1.154	1.162	1.170	1.179
170	1.187	1.195	1.203	1.211	1.220	1.228	1.236	1.244	1.253	1.261
180	1.269	1.277	1.286	1.294	1.302	1.311	1.319	1.327	1.336	1.344
190	1.352	1.361	1.369	1.377	1.386	1.394	1.403	1.411	1.419	1.428
200	1.436	1.445	1.453	1.462	1.470	1.479	1.487	1.496	1.504	1.513
210	1.521	1.530	1.538	1.547	1.555	1.564	1.573	1.581	1.590	1.598
220	1.607	1.615	1.624	1.633	1.641	1.650	1.659	1.667	1.676	1.685
230	1.693	1.702	1.710	1.719	1.728	1.736	1.745	1.754	1.763	1.771
240	1.780	1.788	1.797	1.805	1.814	1.823	1.832	1.840	1.849	1.858
250	1.867	1.876	1.884	1.893	1.902	1.911	1.920	1.929	1.937	1.946

（续）

工作端温度 （十、百位）/℃	工作端温度（个位）/℃									
	0	1	2	3	4	5	6	7	8	9
260	1.955	1.964	1.973	1.982	1.991	2.000	2.008	2.017	2.026	2.035
270	2.044	2.053	2.062	2.071	2.080	2.089	2.098	2.107	2.116	2.125
280	2.134	2.143	2.152	2.161	2.170	2.179	2.188	2.197	2.206	2.215
290	2.224	2.233	2.242	2.251	2.260	2.270	2.279	2.288	2.297	2.306
300	2.315	2.324	2.333	2.342	2.352	2.361	2.370	2.379	2.388	2.397
310	2.407	2.416	2.425	2.434	2.443	2.452	2.462	2.471	2.480	2.489
320	2.498	2.508	2.517	2.526	2.535	2.545	2.554	2.563	2.572	2.582
330	2.591	2.600	2.609	2.619	2.628	2.637	2.647	2.656	2.665	2.675
340	2.684	2.693	2.703	2.712	2.721	2.730	2.740	2.749	2.759	2.768
350	2.777	2.787	2.796	2.805	2.815	2.824	2.833	2.843	2.852	2.862
360	2.871	2.880	2.890	2.899	2.909	2.918	2.928	2.937	2.946	2.956
370	2.965	2.975	2.984	2.994	3.003	3.013	3.022	3.031	3.041	3.050
380	3.060	3.069	3.079	3.088	3.098	3.107	3.117	3.126	3.136	3.145
390	3.155	3.164	3.174	3.183	3.193	3.202	3.212	3.221	3.231	3.240

附表2　镍铬-银硅（镍铅）热电偶分度表　　　　　（单位：mV）

工作端温度 （十、百位）/℃	工作端温度（个位）/℃									
	0	1	2	3	4	5	6	7	8	9
0	0.00	0.07	0.13	0.20	0.26	0.33	0.39	0.46	0.52	0.95
10	0.65	0.72	0.78	0.85	0.91	0.98	1.05	1.11	1.18	1.24
20	1.31	1.38	1.44	1.51	1.57	1.64	1.70	1.77	1.84	1.91
30	1.98	2.05	2.12	2.18	2.25	2.32	2.38	2.45	2.52	2.59
40	2.66	2.73	2.80	2.87	2.94	3.00	3.07	3.14	2.21	3.28
50	2.35	3.42	3.49	3.56	3.63	3.70	3.77	3.84	3.91	3.98
60	4.05	4.12	4.19	4.26	4.33	4.41	4.48	4.55	4.62	4.69
70	4.76	4.03	4.90	4.98	5.05	5.12	5.20	5.27	5.34	5.41
80	5.48	5.56	5.63	5.70	5.78	5.85	5.92	5.99	6.07	6.14
90	6.21	6.29	6.36	6.43	6.51	6.58	6.65	6.73	6.30	6.87
100	6.95	7.03	7.10	7.17	7.25	7.34	7.40	7.47	7.54	7.62
110	7.69	7.77	7.84	7.91	7.99	8.06	8.13	8.21	8.28	8.35
120	8.43	8.50	8.58	8.65	8.73	8.60	8.88	8.95	9.03	9.10
130	9.18	9.25	9.33	9.40	9.48	9.55	9.63	9.70	9.78	9.85
140	9.93	10.00	10.08	10.16	10.23	10.31	10.38	10.46	10.54	10.61
150	10.69	10.77	10.85	10.92	11.00	11.08	11.15	11.23	11.31	11.38
160	11.46	11.54	11.62	11.69	11.77	11.85	11.93	12.00	12.08	12.16

（续）

工作端温度 (十、百位)/℃	工作端温度（个位）/℃									
	0	1	2	3	4	5	6	7	8	9
170	12.24	12.32	12.40	12.48	12.55	12.63	12.71	12.79	12.87	12.95
180	13.03	13.11	13.19	13.27	13.36	13.44	13.52	13.60	13.68	13.76
190	13.34	13.92	14.00	14.08	14.16	14.25	14.34	14.43	14.50	14.58
200	14.66	14.74	14.82	14.09	14.98	15.03	15.14	15.22	15.30	15.38
210	15.48	15.56	15.64	15.72	15.80	15.89	15.97	16.05	16.13	16.21
220	16.30	16.38	16.46	16.54	16.62	16.71	16.79	16.86	16.95	17.03
230	17.12	17.20	17.28	17.37	17.45	17.53	17.62	17.70	17.78	17.87
240	17.95	18.67	18.11	18.19	18.28	18.36	18.44	18.52	18.60	18.68
250	18.76	18.84	18.92	19.01	19.09	19.17	19.26	19.34	19.42	19.51
260	19.59	19.67	19.75	19.84	19.92	20.00	20.09	20.17	20.25	20.34
270	20.42	20.50	20.58	20.66	20.74	20.83	20.91	20.99	21.07	21.15
280	21.24	21.32	21.41	21.49	21.57	21.65	21.73	21.82	21.90	21.98
290	22.07	22.15	22.23	22.32	22.40	33.48	22.57	22.65	22.73	22.81
300	22.90	22.93	23.07	23.15	23.23	23.32	23.40	23.49	23.57	23.66
310	23.74	23.83	23.91	24.00	24.08	24.17	24.25	24.34	24.42	24.51
320	24.59	24.68	24.76	24.85	24.98	25.02	25.10	25.19	25.27	25.36
330	25.44	25.53	25.61	26.00	25.75	25.86	25.97	26.03	26.12	26.21
340	26.30	26.38	26.47	26.55	26.64	26.73	26.81	26.90	29.98	27.07
350	27.15	27.24	27.32	27.32	27.49	27.58	27.66	27.75	28.83	27.92
360	28.01	28.10	28.19	28.27	28.36	28.45	28.54	28.62	28.71	28.80
370	28.88	28.97	29.06	29.14	29.00	29.32	29.40	29.49	29.58	29.66
380	29.75	29.83	29.92	30.00	30.09	30.17	30.26	30.34	30.43	30.52
390	30.61	30.70	30.79	30.87	30.96	31.05	31.13	31.22	31.30	31.39
400	31.48	31.57	31.66	31.74	31.83	31.92	32.00	32.09	32.18	32.26
410	32.34	32.43	32.52	32.60	32.69	32.78	32.86	32.95	33.04	33.13
420	33.21	33.30	33.39	33.49	33.56	33.65	33.73	33.82	33.90	33.99
430	34.07	34.16	34.25	34.33	34.42	34.51	34.60	34.68	34.77	34.85
440	34.94	35.03	35.12	35.20	35.29	35.38	35.46	35.55	35.64	35.72
450	35.81	35.90	35.98	36.07	36.15	36.24	36.33	36.41	36.50	36.58

参 考 文 献

[1] 朱明善，刘颖，林兆庄等. 工程热力学 [M]. 北京：清华大学出版社，1995.

[2] 童景山，高光华，刘裕品. 化工热力学 [M]. 北京：清华大学出版社，1995.

[3] 吴业正，韩宝琦. 制冷原理及设备 [M]. 西安：西安交通大学出版社，1997.

[4] 金立芝，周维，王强. 活塞式制冷压缩机 [M]. 哈尔滨：黑龙江科学技术出版社，1991.

[5] 薛殿华. 空气调节 [M]. 北京：清华大学出版社，1996.

[6] 陆亚俊，马最良，姚杨. 空调工程中的制冷技术 [M]. 哈尔滨：哈尔滨工程大学出版社，1997.

[7] 《制冷工程设计手册》编写组. 制冷工程设计手册 [M]. 北京：中国建筑工业出版社，1982.

[8] 杨世铭，陶文铨. 传热学 [M]. 3 版. 北京：高等教育出版社，1998.

[9] 霍尔曼. 传热学 [M]. 马庆芳，马重芳，王兴国，译. 北京：人民教育出版社，1979.

[10] 孙欣. 虚拟仪器——仪器仪表工业划时代的里程碑 [J]. 煤矿自动化，1996（3）：27-29.

[11] 李文英，刘星，宋蕴新，等. 微机原理与接口技术 [M]. 北京：清华大学出版社，2001.

[12] 刘明俊，杨壮志. 计算机控制原理与技术 [M]. 长沙：国防科技大学出版社，1999.

[13] 过增元，黄素逸. 场协同原理和现代化强化传热新技术 [M]. 北京：中国电力出版社，2004.

[14] 王子延. 热能与动力工程测试技术 [M]. 西安：西安交通大学出版社，1998.

[15] 陆璇. 数理统计基础 [M]. 北京：清华大学出版社，1998.

[16] 赵选民，师义民. 概率论与数理统计典型题分析解集 [M]. 西安：西北工业大学出版社，1999.

[17] 王丰. 相似理论及其在传热学中的应用 [M]. 北京：高等教育出版社，1990.

[18] 丘绪光. 实用相似理论 [M]. 北京：北京航空学院出版社，1988.

[19] 刘人达. 冶金炉热工基础 [M]. 北京：冶金工业出版社，1980.

[20] 毛昶熙. 电模拟试验与渗流研究 [M]. 北京：水利出版社，1981.

[21] 冬俊瑞，黄继汤. 水利学实验 [M]. 北京：清华大学出版社，1991.